U0424766

西北大学“双一流”建设项目资助

Sponsored by First-class Universities and Academic
Programs of Northwest University

生态学野外实习及实验指导

SHENGTAIXUE YEWAI SHIXI JI SHIYAN ZHIDAO

岳 明 郭垚鑫 柴永福 刘 晓 编著

西北大学出版社

·西安·

图书在版编目（CIP）数据

生态学野外实习及实验指导 / 岳明等编著. —西安：西北大学出版社，2023.5

ISBN 978-7-5604-5106-0

Ⅰ. ①生… Ⅱ. ①岳… Ⅲ. ①生态学—教育实习—高等学校—教学参考资料 Ⅳ. ①Q14-45

中国版本图书馆 CIP 数据核字（2023）第 063841 号

生态学野外实习及实验指导

SHENGTAIXUE YEWAI SHIXI JI SHIYAN ZHIDAO

岳　明　郭垚鑫　柴永福　刘　晓　编著

出版发行　西北大学出版社

（西北大学校内　邮编：710069　电话：029-88303059）

http://nwupress.nwu.edu.cn　E-mail: xdpress@nwu.edu.cn

经　销　全国新华书店

印　刷　西安博睿印刷有限公司

开　本　787 毫米×1092 毫米　1/16

印　张　7

版　次　2023 年 5 月第 1 版

印　次　2023 年 5 月第 1 次印刷

字　数　133 千字

书　号　ISBN 978-7-5604-5106-0

定　价　30.00 元

前　言

生态学从诞生之初就是一门实验性、实践性很强的学科。生态学中几乎所有的重大发现和理论的建立都是基于野外的观察和实验，如气候与植被带分异关系，即山地垂直带谱的发现（von Humboldt，1807），就是基于在厄瓜多尔的钦博拉索山的科学考察；竞争排斥原理（Gause，1934）的提出是基于著名的草履虫实验；而中度干扰假说（Connell，1978）则经历了多种生境、多种生物类群的实验验证。因此，在生态学教学中，实验与课程教学具有同等重要的地位。只有通过野外与室内实验才有可能让学生更加深入地理解、掌握生态学中各种现象、规律、原理、模型等基础知识。《生态学野外实习及实验指导》的编写目的是增强学生对"普通生态学"中所涉及的一些基本现象、原理和规律的观察和认识，使学生掌握生态学野外与室内实验基本技能及实验数据的处理方法。

本书的一个特色是充分挖掘了陕西省地理跨度大、生态系统类型丰富的优势，设计了由南向北的大剖面野外实习。一方面能够使学生有机会了解森林、灌丛、草原和荒漠等各种生态系统的特征，另一方面还有机会实地了解到植物群落演替的各个阶段以及不同的退化生态系统类型，有助于培养学生学习生态学的兴趣，并加强对生态系统理论的理解。书中编排的不少实验都结合了编写者团队自身多年的科研成果，如盐（或干旱）胁迫的生态效应、胁迫条件下种间竞争平衡变化等，使得实验的可操作性和探索性都很强。有利于培养学生的科研能力和创新能力，也有利于启发相关专家学者进行更深层次的探究和挖掘，使之成为学生的开放性实验课题。

本书是配合"普通生态学"课程而编写的，体现了生态学教学的基本理念，涵盖了主要的教学内容并做了部分拓展。内容比较全面，有助于学生对课堂教学内容的理解和把握。每个实验都设计了思考题,有助于提高学生的独立思考能力和想象力。本书内容充实,编排合理,特色鲜明,可操作性强,是一部很实用的实验与实习指导书。在国家生态文明建设的大背景下编写并出版本书,具有很强的现实意义和时代特色。

编　者

2022年12月

目　录

绪 论

Ⅰ 陕西省生态概况

一、自然概况

(一)地质、地貌

陕西省在大地构造上跨3个大地质构造单元:①秦岭以北属中朝准地台,包括鄂尔多斯地台、渭河地堑、小秦岭断块隆起3个二级构造单元,北部地区广泛分布各种沉积岩,蕴藏丰富的煤炭、石油和天然气资源;②秦岭褶皱带,南部以火成岩、变质岩、沉积岩为主,蕴藏多种矿产资源;③扬子准地台,在陕西部分被称为大巴山过渡带。

陕西地势的总特点是南北高、中间低。北部是由深厚黄土层覆盖的陕北高原,一般海拔800~1 300 m,约占全省土地面积的45%;中部是由河流冲积和黄土沉积为主形成的关中平原,一般海拔325~800 m,约占全省土地总面积的19%;南部是主要由变质岩系构成的构造上升运动强烈的陕南山地,一般海拔1 200~2 000 m,约占全省土地总面积的36%。

陕北黄土高原,地势西北高、东南低。大体以白于山和长城为界,以北为风沙区,以南为黄土区。风沙区分布着连绵起伏的沙丘,在沙丘之间和洼地上分布着许多大小不等的湖沼与草滩地。黄土区的基本特征表现为以塬、梁、峁为主体的沟间地和以各种沟壑组成的河沟地。塬面一般平坦开阔,边缘支离破碎;梁顶多呈穹形,两侧缓倾,脊线起伏;峁呈圆穹状,顶部面积不大,峁坡较长且陡。高原上自北向南分布有白于山、崂山、子午岭和关山等山脉。

关中盆地，西起宝鸡，东至潼关，东西绵延超过 360 km，号称“八百里秦川”。其南北宽窄不一，宝鸡附近只有 30 km；西安以东宽超过 100 km，状似喇叭形。关中平原以渭河为轴，向两侧呈台阶式结构，即河床—河漫滩—河流冲积阶地—黄土台塬—山前洪积扇。平原北部渭河北为一断续低山，自西向东较高的山峰有岐山、五峰山、嵯峨山、将军山、尧山、梁山等。

陕南山地，北自秦岭，南至大巴山，中间夹汉江谷地。秦岭东西走向、横贯中部、山坡南缓北陡，是黄河与长江两大流域的分水岭，其主峰太白山是我国大陆东半部的最高峰；巴山位于陕西最南端，是陕西与重庆、四川的交界线。在陕西境内的是大巴山的北坡，山势较缓，岩溶地貌发育较好；汉江把一连串的谷地和峡谷连接起来，谷地中较大的盆地有汉江盆地、石泉盆地、安康盆地等，呈现出一派江南水乡景色。

（二）气候、水文

陕西省位于中国大陆中部，南北狭长，跨近 8 个纬度，因而气候类型多样。自南向北可划分为 3 个气候区：秦巴山地北亚热带湿润季风气候区；关中平原和陕北黄土高原暖温带半湿润-半干旱季风气候区；风沙滩地温带半干旱季风气候区。从总体看，陕西省气候有以下特点：①季风性气候显著。受东亚季风环流的影响，冬季蒙古高压和夏季北太平洋副热带高压、印度低压交替出现，南北两种性质不同的气流交替转换，使冬、夏季的温度、干湿有明显的差异。②气候类型多样。全省自南向北按热量分为亚热带、暖温带和温带 3 个基本气候带；按水分差异又分为湿润、半湿润、半干旱、干旱 4 种气候，水热条件的不同组合形成多种多样的气候类型。③四季分明，冬冷夏热。

陕西省多年平均降水量分布特点是南多北少，自南向北递减。汉江谷地以南降水量超过 1 000 mm；向北至秦岭北坡减少为 800 mm；到长城沿线一带只有 400 mm；西北部的定边县仅 323.6 mm，是全省年降水量最少的地方。受地形的影响，省内形成 3 个多雨区和 3 个少雨区。多雨区出现在米仓山、大巴山以及秦岭的中山区、子午岭一带；少雨区出现在汉江谷地和丹江谷地、关中平原的东部、长城沿线以北。全省水资源可划分为长江流域、黄河流域和内流区 3 大片。秦巴山地区主要属于长江流域，面积约占全省的 35.4%，主要河流为汉江和嘉陵江。汉江发源于秦岭西段南坡，省内流域面积 54 783 km^2，主要支流有丹江、褒河、湑水河、牧马河、子午河、任河、岚河、洵河、月河以及金钱河等，是南水北调中线工程的水源地；秦岭以北主要属黄河流域，流域面积占全省的 62.6%。黄河在晋陕之间，自北向南纵切黄土高原，在龙门流出峡谷进入平原，至潼关出省。在省内长 715 km，其主要支流有渭河、延河、无定河、秃尾河、窟野河、清涧河、皇甫川等。渭河是黄河的最大支流,贯穿关中平原,长 492 km,主要支流有洛河、泾河、灞河、沣河、黑河、石头河等;内流区分布在长城沿线风沙区,面积仅占全省的 2.0%,以湖泊和小河流为主。陕西省水资源总量为 $4.449\,9\times10^{10}$ m^3,人均水量1 230 m^3,亩均197 m^3。但水资源时空分布不均,黄河流域面积占全省的 60%以上,耕地面积占全省的 80.5%,人口约占全省的 72.5%,而地表水资源仅占全省的 25%,属资源型缺水区。秦巴山地区水资源丰富,高于全国平均水平,属丰水区。

(三)生物多样性

陕西地处南北过渡、东西交汇地带,植物区系成分复杂,起源古老。据不完全统计,陕西省共有种子植物 177 科,1 110 属,3 900 余种,仅秦巴山地区就有 2 377 种,国家级保护的珍稀植物有 45 种。全省自然植被有 24 个类型,61 个群系组,主要类型有常绿阔叶林、常绿-落叶阔叶混交林、落叶阔叶林、针叶林、竹林、草原、灌丛、草甸、盐生植被、沼泽和沼泽性植被等。人工植被有 12 个类型 28 个群系组,主要类型有一年一熟旱作、一年二熟或二年三熟农作、水旱一年二熟农作、经济果园等。

由于秦岭是动物地理区东洋界和古北界的分界线,因而野生动物组成较复杂,种类较多。据调查,全省有脊椎动物 727 种,占全国的 23.7%,其中鱼类 139 种,两栖爬行类 41 种,鸟类 382 种,兽类 141 种。全省有国家级重点保护动物 79 种,省级保护动物 14 种。

二、生态环境特征

(一)从沙地到山地,地貌类型丰富多样

陕西省地貌类型丰富,从北向南依次划分为陕北风沙高原区、夹有石质孤山的黄土高原区、关中盆地区、夹有汉江谷地的秦巴山地区 4 个大地貌区(图 1)。陕北风沙高原区处于长城沿线及其以北地区,为毛乌素沙地的组成部分,其北部以沙丘、沙地、草滩地貌(图 2)为主,中部为流动沙丘和固定沙丘组合地貌,西南部以草滩盆地为主,东部属覆沙黄土梁峁地貌(图 3);陕北黄土高原区北接风沙高原,南连关中盆地,是我国黄土分布的中心区域,也是水土流失最严重的地区;关中盆地区位于陕西省中部,西起宝鸡陇县,东至韩城—潼关黄河西岸,北以北山为界,南以秦岭北坡大断裂带为界。关中盆地中部是渭河冲积洪积平原,北部为渭北黄土台塬,南部是秦岭北麓黄土台塬(图 4)和骊山低山丘陵;秦巴山地区(图 5)包括秦岭山地、汉中低山丘陵区、大巴山山地等。秦岭是我国南北重要的自然分界线,主峰太白山海拔 3 771.2 m,是我国大陆东半壁的最高峰,其自然垂直带谱在东亚地区具有代表性。

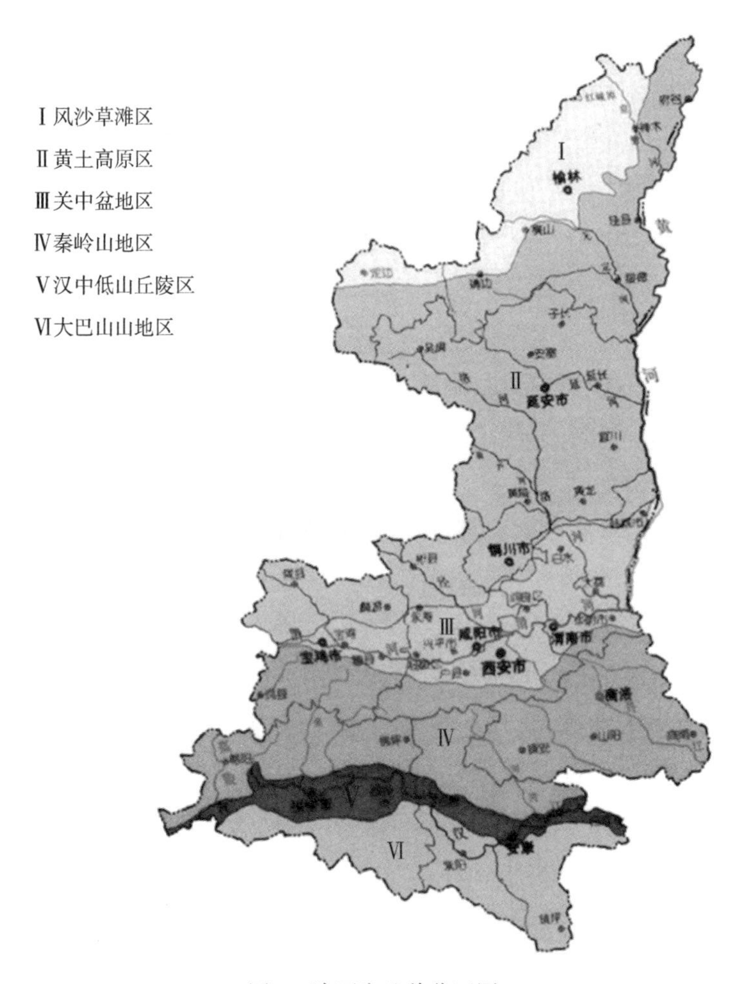

图 1　陕西省地貌分区图

图 2　陕西榆林风沙草滩地区

图 3 陕西黄土高原丘陵沟壑区

图 4 陕西关中黄土台塬

陕西地貌的复杂性不仅从地貌分区上表现出来，而且即便是在同一地貌区，地貌类型也是复杂多样的。如在黄土区，有塬、梁、峁、沟、石质山地及沟谷地貌之分；在秦巴山地区，有低山丘陵、中山、高山及河谷地貌之别。又因土壤、岩石成分的不同，它们在地貌形态上，也表现出各自的特点。因此，陕西地貌形态除分为陕北高原、关中平原、陕南山地 3 个大地貌类型之外，还可细分出比较小的 13 种二级地貌单元类型。

图 5　陕西秦巴山地

(二)气候环境差异非常明显

陕西省地处中纬度地区,太阳辐射量决定了其在气候热量带中的位置。同时,受东亚季风的影响,破坏了行星风带的正常分布,从而在世界其他地区多为荒漠的同纬度地带,形成了得天独厚的东亚季风区这块"绿洲"。由于陕西省位置偏于内陆,海洋水气输送受到限制,所以其降水量不如东南沿海地区那么充沛,夏热冬冷的大陆性特点也比较突出。因此可以说,地处中纬度的东亚大陆所具有的特定辐射、环流和海陆相对位置,决定了陕西气候具有温带大陆性半湿润和半干旱季风气候的特征。这种气候特征表现为:四季分明、分配不均。冬季寒冷,夏季炎热;春季升温较快,秋季降温迅速;干湿季节分明,秋末冬春少雨,夏季初春多雨。

在温度、降水的季节变化上,由于受纬度、海岸距离和冬夏季风影响的程度不一,使得北部比南部呈现出更强烈的大陆性气候特征。温度变化无论是年较差还是日较差都比较大,春季温度(4 月)高于秋季温度(10 月),春旱严重。相反,关中、陕南由于受夏季季风影响,雨季长而雨量大,但每当 7 月中旬至 8 月,由于副高的控制,又常出现伏旱。秋季副高中心区退居长江流域时,关中、陕南又位于冬、夏季风交绥地带,秋雨连绵。根据气候的纬向地带性差异,通常把陕西省划分为长城沿线温带半干旱气候、陕北高原暖温带半干旱气候、关中平原暖温带半湿润气候、秦岭山区温带湿润气候、秦岭高山寒温带湿润气候、汉江河谷北亚热带湿润气候、大巴山区北亚热带湿润气候等 7 个气候区。

（三）北草灌南森林，自然植被迥然不同

陕西位于我国中部偏东，南北狭长。这种狭长居间的地理位置，为生长多样性的天然植被及人工植被提供了优越的物质和能量基础。

一般而言，一个大面积的植被类型是由气候和地貌的相互作用来决定的。虽然陕西省整个地势的物质组成和地貌形态有着明显的地域差异，但向东及东南季风区开放是其共性。此种地势特征，既有利于东南湿润季风区的植物成分侵入平原和谷地，又有利于高原和内陆植物成分纳入山地。此外，秦岭地处东亚两大植物区系（即中国—日本植物区系和中国—喜马拉雅植物区系）的交界地带，具有强烈的过渡性。这些是构成陕西植物成分复杂和群体多样性的内在原因。

陕西省的热量和水分自北向南递增，导致全省植被存在明显的水平地带性分布规律。自北向南依次出现温带草原、暖温带森林草原、落叶阔叶林以及北亚热带含有常绿阔叶树种的落叶阔叶林植被。陕南秦巴山地高大雄伟，还出现明显的植被垂直分布的差异。

（四）各种生态问题依然突出

1.水土流失

虽然陕北黄土高原植被恢复成绩显著，但是水土流失问题依然严峻是我们需要面对的重要问题。其中，黄陵县以北、榆林风沙滩地以南是“土壤侵蚀高度敏感区”，黄河西岸是“土壤剧烈侵蚀区”，甘泉、宜川至榆林风沙滩地以南是“土壤极强侵蚀区”。

2.土壤盐渍化

陕北地区不合理的大水漫灌导致地下水位上升，经过土壤毛细管作用，将其深处的盐分提取到表层，使土壤盐渍化，在很多河道川地尤为多见。当然，定边西部盐碱地是地质因素形成的。

3.土壤沙化

榆林防沙治沙取得了举世瞩目的成就，但是，这里的生态环境依旧脆弱。内蒙古、甘肃境内人为活动频繁，沙漠化动态异常活跃。沙尘暴频起，携带沙尘南移，不断对其南部地区形成“沙化”威胁。因此，榆林风沙滩地及其南缘是我国土地沙化监测的主要对象之一。

4.环境污染

陕西各县、乡镇、农村的生活污水处理尚未全域覆盖，乱排乱倒现象相当普遍，特别是煤炭、石油开采、加工企业形成的污染问题比较突出。化工基地形成的中水完全改变了自然河流的生态状况。原本清洁的水质变得不那么清洁,造成河流湿地的生态环境恶化。农药、化肥、除草剂、农用塑料薄膜的使用不断增加,先是影响生产空间,再涉及生态空间、生活空间。

5.植被恢复性增长与承载力不高的问题并存

秦巴山区的森林都曾经历过不同程度的采伐利用。自 1998 年以来,林分质量虽然有恢复性提升,但总体不如从前的生态功能强壮。抗干扰能力下降,生态灾害频发。

Ⅱ 大跨度实习点介绍

野外教学实习是生态学教学中非常重要的模块,其目的是让学生理论联系实际,通过亲身经历理解生物与环境之间的相互作用规律,培养学生实践能力。陕西省得天独厚的生态环境和资源为进行生态学研究提供了天然实验室,也是进行生态学野外教学实习的理想之地。为充实生态学专业实践教学内容,提高生态学人才培养质量,西北大学生态学专业于 2018 年实施“大跨度实习”计划,即从陕西北端到南端,分别在榆林风沙草滩区、陕北黄土高原、秦岭北坡和秦岭南坡设立实习点进行调查采样,充分利用陕西省生态环境复杂多样的生态特色,培养学生的生态认知能力和动手实践能力。以下为大跨度实习地点和生态背景。

一、榆林市尔林兔镇

1.地理位置

尔林兔镇隶属陕西省榆林市神木市,地处神木市西北部毛乌素沙漠东北边缘,东北与中鸡镇相邻,南连锦界镇,西接榆林市榆阳区,北邻内蒙古自治区鄂尔多斯市伊金霍洛旗。

2.地形地貌

尔林兔镇地处风沙草滩区,地势平坦。

3.气候特点

尔林兔镇气候属温带大陆性半干旱季风气候,多年平均气温 9.5 ℃;极端最低气温-28 ℃,极端最高气温 38 ℃。年平均无霜期 140 d,年平均日照时数 2 876 h,年太阳总辐射量 593.8 kJ/cm^2。年平均降水量 440.8 mm,降水主要集中在每年的 7~9 月,占全年降水量的 29.1%。

4.水系水文

尔林兔镇境内河道均属主要河流,七卜素河,发源石板太和吧吓采当村,下游汇入袁家圪堵河,流经西葫芦素、前葫芦素、后尔林兔注入红碱淖,全长 22 km;红碱淖位于境内西北部,与内蒙古自治区伊金霍洛旗交界,湖面大致呈三角形,沿岸有七条季节性河流注入,是全国最大的沙漠淡水湖,具有独特的自然景观。

5.植被概况

本区域属于风沙草滩区,气候干旱,降雨较少,植被多以耐旱的沙生植被为主,常见的有油蒿(*Artemisia ordosica*)群落、籽蒿(*Artemisia sieversiana*)群落、柠条(*Caragana korshinskii*)群落、臭柏(*Sabina vulgaris*)群落、蒙古岩黄芪(*Hedysarum mongolicum*)灌丛等大面积的沙生植被,另外,在毛乌素沙地周围还分布有碱蓬(*Suaeda glauca*)群落、盐爪爪(*Kalidium foliatum*)群落、白刺(*Nitraria tangutorum*)灌丛等盐生植被。

二、延安市安塞区

1.地理位置

安塞区隶属陕西省延安市,位于陕西省北部,延安市正北,地处内陆黄土高原腹地,鄂尔多斯盆地边缘。西毗志丹县,北靠榆林市靖边县,东接子长市,南与甘泉县、宝塔区相连。介于东经 108°5′44″~109°26′18″,北纬 36°30′45″~37°19′3″之间。

2.地形地貌

安塞区属陕北黄土高原丘陵沟壑区,地貌复杂多样,境内沟壑纵横、川道狭长、梁峁遍布,由南向北呈梁、峁、塌、湾、坪、川等地貌,特点是山高、坡陡、沟深,相对高度约 200~300 m。有 4 条大川道,1 km 以上的沟道有 1 802 条。其中积水面积在 100 km^2 以上的大沟有 5 条,50~100 km^{2}的沟有 11 条,10~50 km^{2}的沟有 69 条,1~10 km^{2}的支沟有 439 条,沟长 1~2 km 的支毛沟有 1 278 条。沟壑密度为 4.7 万条/平方千米。有大小峁 3 169 个,平均海拔 1 371.9 m,最高海拔 1 731.1 m(镰刀湾乡高峁山),最低海拔1 012 m(沿河湾镇罗家沟),平均海拔 1 371.9 m,城区海拔 1 061 m。地势除王家湾乡南高北低外,其他地区多由西北向东南倾斜。

3.气候特点

安塞区属中温带大陆性半干旱季风气候,四季长短不等,干湿分明。春季气候回升较快、风沙大、雨量少,有霜冻和春旱;夏季温暖,有伏旱、暴雨、冰雹和阵性大风出现;秋季温凉,气温下降快而有霜冻;冬季寒冷而干燥。年平均气温 8.8 ℃(极端最高温 36.8 ℃,极端最低温-23.6 ℃),年平均降水量 505.3 mm(最多为 645 mm,最少为 296.6 mm),年日照时数 2 395.6 h,日照百分率达 54%,全年无霜期 157 d。

4.水系水文

本区域主要有延河、无定河、清涧河 3 条水系。水资源总量为 1.5572×10^8 m^3,地表径流量 1.1781×10^8 m^3,过境客水量 3 791×10^4 m^3。其中,延河流域面积占总面积的 89.8%,流经区内镰刀湾乡、沿河湾镇等 5 个乡(镇),至沿河湾镇罗家沟出区境。在区境内长约 90 km,流域面积 2 649 km^2,常流水量为 0.5~1.5 m^3/s。重要支流有杏子河、西川河和坪桥川河。此外,区内王家湾、镰刀湾乡有 152.3 km^2属无定河水系;坪桥乡 4 个行政村和王家湾乡的杨咀行政村有 123.6 km^2属清涧河水系。特殊的地形地貌和气候特点,使得安塞区水源、水量和水质严重受季节及气候因素的影响,主要表现为春冬干旱少雨雪,水量不足;夏秋洪水时节河水浑浊,水质无保证。

5.植被概况

本区域植被类型处于暖温带落叶阔叶林向干草原过渡的森林草原区,但由于长期受人类活动干扰,自然植被已被破坏殆尽,目前植被类型以人工植被和次生演替中的撂荒地为主。其中,人工植被以刺槐(*Robinia pseudoacacia*)、小叶杨(*Populus simonii*)、柠条(*Caragana korshinskii*)、沙棘(*Hippophae rhamnoides*)为主;撂荒坡地主要以铁杆蒿(*Artemisia gmelinii*)、茭蒿(*Artemisia giraldii*)、长芒草(*Stipa bungeana*)、白羊草(*Bothriochloa ischaemum*)等处于不同演替阶段的草本植物群落为主。

三、宝鸡市眉县太白山

1.地理位置

太白山位于秦岭北坡,为秦岭山脉最高峰,横跨太白县、眉县、周至县三县;主峰拔仙台在太白县境内东部,海拔 3 771.2 m,地理坐标介于东经 107°41′23″~107°51′40″和北纬 33°49′31″~34°08′11″之间。山体东西展布横亘太白县境中东部,位于鹦鸽乡、桃川乡、嘴头镇南部。西起嘴头镇,东至周至县老君岭,南以湑水河在太白县黄柏塬乡之河段为界,北以鹦鸽和眉县营头为界。

2.地形地貌

太白山由于海拔跨度较大,自下而上地形地貌不一,特点各异。其中,低山区(海拔 800~1 300 m)地形起伏兼有黄土地貌与石质山地地貌的综合特点,相对高差不大,黄土掩覆,山头浑圆。山下基岩裸露处,水流常沿断裂带侵蚀切割,形成幽深峡谷;中山区(海拔 1 300~3 000 m),北坡大体从刘家崖到放羊寺,南坡从黄柏塬到三清池，属石质中山区。大殿以下为深切谷地，沟谷断石呈“V”形，谷间山梁陡峭，多呈锯齿状。大殿以上石峰林立，山石峥嵘，巨石嶙峋，千姿百态。大殿至斗母宫一带层峦叠翠，势若屏风，大殿之东北梁上的麦垛石甚为奇特。斗母宫附近的花岗片麻岩柱峰，如巨大石柱，傲然挺立，直插云端。斗母宫至放羊寺间，多为巨大块状岩石，谷中岩石前拥后挤、重重叠叠；高山区从海拔 3 000 m 至峰顶，第四纪冰川地貌形态较清晰，保存较完整。拔仙台是第四纪冰川活动中心，故各种冰川地貌多分布于它的周围。该区第四纪冰川地貌遗留下来的部分，按冰川作用的类型分为冰蚀地貌和冰碛地貌。再按形态分，冰蚀地貌包括冰斗、角峰、槽谷，冰碛地貌仅为终碛堤。

3.气候特点

受海拔影响，太白山气候垂直分异明显。具体气候特点如下：

海拔在 800~1 500 m 之间，属温带季风气候，年平均气温约 11 ℃，年积温 3 200~3 500 ℃。夏季平均气温 20~23 ℃，极端最高气温 35~37 ℃。冬季最冷月平均气温 -7~-2 ℃，积雪与土壤结冻期常在 3 个月以上。秋季降水量占年降水量的 60%~65%。

海拔在 1 500~3 000 m 之间，属中山寒温带季风气候，全年无夏，春秋短促，冬季漫长，气候冷湿，多雨多雾。年平均气温 6 ℃，活动积温 1 900~2 500 ℃，无霜期仅 140 d 左右。年降水量多达 750~1 000 mm，年相对湿度达 70%~80%，因而多湿多雾，多出现雨淞雾淞。春季从 4 月下旬或 5 月初开始，5 月份平均气温 11~13 ℃。夏季极端最高气温有时可达 30 ℃，然而寒流一旦袭来气温又会降到 0 ℃以下，故阴坡仍会残留积雪。9 月下旬到 10 月初开始降雪，冬季从 10 月始到翌年 4 月终，极端最低气温-25~-12 ℃，积雪盈尺，有时，于翌年六七月份仍消融不完。

海拔在 3 000~3 360 m 之间，属于高山亚寒带气候，气候寒冷湿润，年平均气温 -2~-1℃，年降水量约 800~900 mm。10 月至翌年 4 月平均气温在 0 ℃以下，土壤结冻期长达 7~8 个月，全年 9 个月时间为冬季。6 月中旬与 9 月中旬，平均气温在 10~14 ℃之间。

海拔在 3 350m 以上，为寒带气候，无秋季，冬季长。一年中寒冷期长达 9~10 个月，全年平均气温极少超过 8 ℃。从 10 月到翌年 4 月平均气温都在 0 ℃以下，极端最低气温可降到-30 ℃左右，7~8 月气候温凉，日平均气温 5~10 ℃之间的日数约 50 d。日温差变化大，常刮东南风。由于比最大降水高度（1 800 m 左右）高出 1 500 m，因此降水量明显减少，年降水量约 750~800 mm。

4.水文水系

秦岭是长江、黄河两大流域的分水岭。太白山的地貌类型决定了其充分发育的河流。主要的河流(流域面积在百平方公里以上或发源于太白山的河流)有10条:东部的黑河、红水河(下游汇入黑河);南部的湑水河、太白河、红崖河(太白河、红崖河在下游均汇入湑水河);西部的太白河和北部石头河、霸王河、汤峪河等。东北部的河流基本上流入渭河后汇入黄河,属黄河流域;西、南部的河流流入汉江后汇入长江,属长江流域。其中最主要的4条河流是:湑水河、石头河、霸王河和黑河,均发源于太白山国家级自然保护区。这些河流不仅是汉中盆地和关中平原农业用水的重要来源,同时,也是城市生活用水的重要补充。石头河、黑河引水工程,对保证西安市工业和生活用水,缓解西安市缺水状况起着重要作用。

5.植被概况

受气候、地形地貌等因子垂直变化的影响,太白山植被垂直分异明显,植被类型丰富多样。该地自下而上可分为落叶阔叶林带、针叶林带、高山灌丛带、草甸带。具体群落类型及分布特征如下:

海拔780~1 300 m为栓皮栎(*Quercus variabilis*)林亚带。林下灌木层主要由杭子梢(*Campylotropis macrocarpa*)、狼牙刺(*Sophora davidii*)、孩儿拳头(*Grewia biloba*)、铁扫帚(*Clematis hexapetala*)组成,林缘和林间空地上零星散布着黄栌(*Cotinus coggygria*)或小乔木。灌丛下之草本层,主要由大披针薹草(*Carex lanceolata*)、野青茅(*Deyeuxia pyramidalis*)、牡蒿(*Artemisia japonica*)、大油芒(*Spodiopogon sibiricus*)等组成。

海拔1 300~1 800 m(蒿坪寺至上白云)为锐齿栎(*Quercus aliena* var. *acuteserrata*)林亚带。林内主要共生乔木有青榨槭(*Acer davidii*)、四照花(*Cornuskousa* subsp. *chinensis*)、三桠乌药(*Lindera obtusiloba*)等。灌木层主要有白檀(*Symplocos paniculata*)、粉花绣线菊(*Spiraea japonica*)、卫矛(*Euonymus alatus*)、桦叶荚蒾(*Viburnum betulifolium*)等。草本层主要有薹草(*Carex* sp.)、铃兰(*Convallaria majalis*)、鹿蹄草(*Pyrola calliantha*)、华北耧斗菜(*Aquilegia yabeana*)等。

海拔1 900~2 300 m(下白云至大殿)为辽东栎(*Quercus wutaishanica*)林亚带。本亚带以混交林为主,华山松(*Pinus armandii*)分布最广,从海拔1 140 m处的蒿坪寺至海拔3 000 m的放羊寺都有华山松分布。在骆驼树至斗母宫之间,华山松分布较集中,多形成小面积纯林。在混交林中,常见的共生乔木还有山杨(*Populus davidiana*)、太白杨(*Populus purdomii*)、椅杨(*Populus wilsonii*)、红桦(*Betula albosinensis*)、千金榆、刺榛(*Corylus ferox*)、三桠乌药等。林下灌木以秦岭箭竹(*Fargesia qinlingensis*)占优势,次为粉花绣线菊(*Spiraea japonica*)、米面蓊(*Buckleya lanceolata*)、膀胱果

(*Staphylea holocarpa*)等。

海拔 1 805~2 750 m(骆驼树至斗母宫)为红桦林亚带。树木种类大减,占绝对优势者为红桦。愈向上华山松愈生长不良,仅零星散布。在斗母宫下之红桦稀疏林下,多密生着太白杜鹃(*Rhododendron purdomii*)及稀疏低矮的华橘竹灌木层,林缘和林间空地多有峨眉蔷薇(*Rosa omeiensis*)灌丛。草本层以野青茅占优势。

海拔 2 095~2 800 m(大殿至明星寺)为糙皮桦(*Betula utilis*)林亚带。由斗母宫向上,巴山冷杉(*Abies fargesii*)逐渐增多,有些地方与牛皮桦组成混交林。林下灌丛仍以华橘竹为主,在林间较开阔地面多生有秦岭小檗(*Berberis circumserrata*)为主的灌丛,或为野青茅属的草地。在平安寺附近的空地上,还生长着多年生草本植物柳兰(*Epilobium angustifolium*)。

针叶林带在海拔 2 800~3 200 m 左右(大体在斗母宫与放羊寺之间)为巴山冷杉林亚带。巴山冷杉常形成纯林或与秦岭红杉(*Larix potaninii* var. *chinensis*)、糙皮桦等形成混交林。巴山冷杉纯林郁闭度较大,林下灌木较少。在稀疏的冷杉林下,有金背杜鹃(*Rhododendron clementinae* subsp. *aureodorsale*)、华西忍冬(*Lonicera webbiana*)、冰川茶藨子(*Ribes glaciale*)、红毛五加(*Eleutherococcus giraldii*)等。草本植物主要有大叶碎米荠(*Cardamine macrophylla*)、酢浆草(*Oxalis corniculata*)、大花糙苏(*Phlomis megalantha*)、珠芽蓼(*Polygonum viviparum*)。

海拔 3 200~3 400 m 为秦岭红杉林亚带。主要由秦岭红杉纯林组成,其上界已是太白山森林分布之上限。林带内,灌木层有密枝杜鹃(*Rhododendron fastigiatum*)、银露梅(*Potentilla glabra*)、高山绣线菊(*Spiraea alpin*)等。草本层成分复杂,主要有禾叶嵩草(*Carex hughii*)、圆穗蓼(*Polygonum macrophyllum*)等。另外,林中苔藓、地衣甚多,多生长于地面和岩石上。

海拔 3 350 m 以上为高山灌丛带、草甸带。地势高,为第四纪冰川活动的冰源地段。矮生灌丛主要由密枝杜鹃和杯腺柳(*Salix cupularis*)组成,或由杯腺柳群落以小片状与密枝杜鹃群落组成复合体。矮生草甸,主要以禾叶嵩草群落占优势,在局部低平较阴湿地段还分布着以圆穗蓼草为主的杂草群落。苔藓群落和地衣群落分布极广,从岩石、土壤以至树干枝头,均可见到不同种类的地衣和苔藓。

四、安康市旬阳坝镇

1.地理位置

旬阳坝镇位于安康市宁陕县,距宁陕县城东北有 34 km。东与镇安县月河乡、杨泗乡接壤,西邻皇冠镇,南接城关镇、太山庙乡,北连江口回族镇。全镇东西、南北均宽 16 km。

2.地形地貌

旬阳坝镇位于秦岭中段南麓,地势西南高、东北低。腰竹岭、平河梁、鸡公岭、月河梁四面环抱，山势雄伟,峰峦叠嶂,沟谷纵横,溪流湍急。中部谷地较为平坦,平坝相间。平均海拔 1 300 m,最高海拔 2 693 m(平河梁主峰),最低海拔 970 m。

3.气候特点

旬阳坝地区属北亚热带气候,但由于海拔较高,实际上全部处于山地中温带气候和山地北温带气候控制下。光照不充足,年太阳总辐射量偏少,年平均日照百分率为 38%,8 月份日照量最高可达 50%。年平均气温 10.3 ℃,1 月最冷平均-1.4 ℃,7 月最热平均 21.4 ℃。雨量充沛,气候湿润,夏季不酷热,冬季寒冷且较长,灾害性天气较频繁。该区虽雨量充沛,但时空分布不均,干旱威胁不大,湿涝经常造成灾害,年平均降水量1 040 mm。夏季降水量最多占全年 46%,秋季次之占 32%,春季占 20%,冬季最少占 3%。

4.水文水系

该区域降水充沛,水资源丰富,谷涧流湍,壑沟汩汩。其中,对该地区影响最大的是月河,发源于平河梁的月河从南向北流经境内 28 km,在旬阳坝镇内主要支流有腰竹沟、大寺沟、响潭沟、七里沟,干、支流径流量 9.6×10^5 m^3。这些小支流所经地区植被发育良好,涵养水源能力强,使得小支流常年流水不断。同时在小支流周围又形成了诸多不同的小生境,为各种植物的生长提供了良好的生长环境。月河旬阳坝段先后建成两座水电站,总装机容量 2 455 kW,年发电量 8.5×10^6 kW · h。

5.植被概况

旬阳坝镇植被类型受海拔影响明显,自然植被类型自下而上主要包括松栎林、桦木林和冷杉林。

松栎林主要分布于海拔 1 300~2 100 m,以油松(*Pinus tabulaeformis*)、华山松、锐齿栎、山杨等树种为主的混交林分布面积大,范围广。林下灌木主要有悬钩子(*Rubus* spp.)、忍冬(*Lonicera* spp.)、菝葜(*Smilax* spp.)和白檀(*Symplocos paniculata*)等,常见的草本植物有崖棕(*Carex siderosticta*)、草地早熟禾(*Poa pretensis*)、铁线蕨(*Adiantum capillusveneris*)等。

桦木林主要分布于海拔 2 100~2 600 m,以红桦为优势种。林带上界混生有巴山冷杉、青杄(*Picea wilsonii*)、云杉(*Picea asperata*)、糙皮桦,下界混生有秦岭冷杉(*Abies chensiensis*)、山杨、华山松等。林下以箭竹为主,并混有小叶杜鹃(*Rhododendron capi-*

tatum)、山胡椒(*Lindera glauca*)、栒子(*Cotoneaster* spp.)和丁香(*Syringa* spp.)。草本层以鹿蹄草(*Pyrola rotundifolia*)、败酱(*Patrinia* spp.)为主。

冷杉林主要分布于海拔 2 400~2 600 m,主要建群种为秦岭冷杉和巴山冷杉,林内常见的伴生乔木有红桦、山杨、青杆、铁杉(*Tsuga chinensis*)等。林下灌木常见的有秀雅杜鹃(*Rhododendron concinnum*)、太白杜鹃、花楸(*Sorbus* spp.)、蔷薇(*Rosa* spp.)和箭竹。

除上述自然林外,旬阳坝地区还分布有砍伐后种植的各种人工林群落,常见的有华北落叶松(*Larix principis-rupprechtii*)林、油松林和云杉林。

Ⅲ 生态学发展与研究范式

一、生态学的发展概况

生态学(ecology)是研究不同尺度生物与环境相互作用的过程及规律的科学,其目的是指导人与生物圈(即自然、资源与环境)的协调发展。尽管生态学学科建立较晚,但在人类文明的早期,为了生存,人类在长期的生产生活实践中早已注意到这种关系,并自觉或不自觉地运用这些规律来指导自己的行动。例如,早在公元前 1200 年,我国《尔雅》一书中就详细记载了 176 种木本植物和 50 多种草本植物的形态与生态环境。但在生态学发展早期,由于其纯自然主义倾向和局限于对自然规律的观察、描述,同时也由于学科本身缺乏明确的理论体系和成熟的研究方法,所以,生态学发展缓慢。直到 19 世纪,由于人类对农业、渔业和直接与人类健康有关的环境卫生等问题的关注,推动了农业生态学、野生动物种群生态学和媒介昆虫传病行为的研究,生态学才得到了进一步的发展。

19 世纪中叶到 20 世纪初,农牧业的发展促使人们开展了环境因子对作物和家畜生理影响的实验研究。例如,在这一时期中确定了 5 ℃为一般植物的发育起点温度,绘制了动物的温度发育曲线,提出了用光照时间与平均温度的乘积作为比较光化作用光时度指标,植物营养的最低量律和光谱结构对于动物发育的效应等。1851 年,达尔文在《物种起源》一书中提出自然选择学说,强调生物进化是生物与环境交互作用的产物,引起了人们对生物与环境的相互关系的重视,更促进了生态学的发展。到 20

世纪30年代，已有不少生态学著作和教科书阐述了一些生态学的基本概念和论点，如食物链、生态位、生物量、生态系统等。至此，生态学已基本成为具有特定研究对象、研究方法和理论体系的独立学科。但直到20世纪50年代，随着资源开发和生产的需要，以及博物学、生物学、生理学和地理学等学科的知识积累，生态学才正式作为一门学科出现在科学的历史舞台上。

进入20世纪50年代以后，人类的经济和科学技术获得了史无前例的飞速发展，既给人类带来了进步和幸福，也带来了如全球变暖、海平面上升、大气和水体污染、生物入侵、生物多样性丧失、荒漠化加剧、生态系统退化、水资源短缺等一系列全球性生态环境问题和灾难。生态学所固有的非线性思维模式、系统观点及其多学科研究的优势和近代发展起来的监测与模拟技术方法等相结合，为探索解决生态环境危机的途径提供了科学依据与框架。在解决这些重大社会问题的过程中，生态学与其他学科相互渗透、相互促进，取得了重大的发展。具体包括以下几个方面：

(1)动植物生态学由单独发展走向统一，生态系统研究成为主流。

(2)生态学不仅与生理学、遗传学、行为学、进化论等生物学各个分支相结合形成了一系列新的研究领域，并且与数学、地理学、化学、物理学等自然科学相交叉，产生了许多边缘学科。甚至超越自然科学界限，与经济学、社会学、城市科学相结合，成为自然科学和社会科学对接的桥梁之一。

(3)生态学理论与农、林、牧、渔各业生产、环境保护和污染处理相结合，并发展为生态工程和生态系统工程。

(4)生态学与系统分析或系统工程相结合形成了系统生态学。

进入21世纪以后，生态学发展更加紧密结合人类社会和生产中的实际问题，不断突破其初始时期以生物为中心的学科界限，更加关注人类活动影响下的生态变化过程以及指导人类如何更好地认识、管理、恢复、创建生态系统。研究重点包括全球变化生态学、生态系统服务科学、生物多样性保护、生物入侵机制与控制、退化生态系统恢复与人工生态设计、生态系统管理和生态文明建设等。因此，当今生态学正朝着解决人类面临的社会问题的方向发展，对社会的可持续发展起着越来越重要的作用，成为人类文明与自然生态和谐共存的理论依据和行动指南。

二、生态学的研究范式

生态学研究虽然有地域特色，不同国家的生态系统多样性差异很大，但生态学研究认识问题的角度、解决问题的方法和流程大同小异，具有一定的范式。

1.生态学认识问题的角度

生态学是研究不同尺度生物与环境之间相互作用规律的科学。在自然条件下，不同空间范围和时间范围内所呈现出的生态学过程和功能是不同的,空间尺度、时间尺度和生态功能在生态过程上是协同变化的。因此,生态学通常是从空间、时间和功能三个角度来认识具体的科学问题。在生态学研究中,应该以自然现象本身内在的时间和空间尺度去认识它,而不是把人为规定的时空尺度框架强加于自然界。

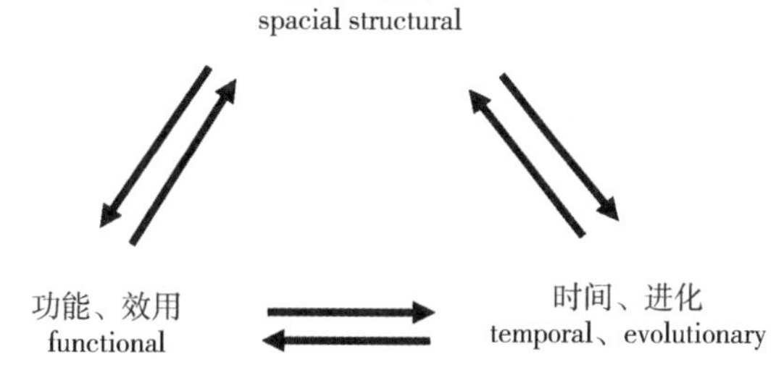

图 6 生态学认识问题的三个角度

2.生态学认识问题和解决问题的方法

生态学研究的目的是发现生物分布与数量的模式以及决定该模式的生态学过程,并提出相关理论给予解释。这就形成生态学认识问题和解决问题的方法通常包括野外的、实验的和理论的。其中,野外方法在生态学研究中具有极重要的价值,也是最普遍的方法,通过野外调查和观察可获得自然条件下最真实的资料,但在野外开展研究不易重复且难以控制,使其难以对相关假设进行科学验证;实验方法可以弥补野外方法的不足,通过严格的实验设计和条件控制可以分析因果关系、验证相关假设和发现新的问题,结果可靠且重复性强;理论方法主要指使用抽象的方法(常常是数学的方法)描述和探讨不同生态学研究尺度下的模式及决定模式的生态学过程。当然,基于理论方法的研究结果通常需要用野外和实验的方法进行验证和修正。总之,这三种方法在所有生态学研究中相辅相成、密不可分。

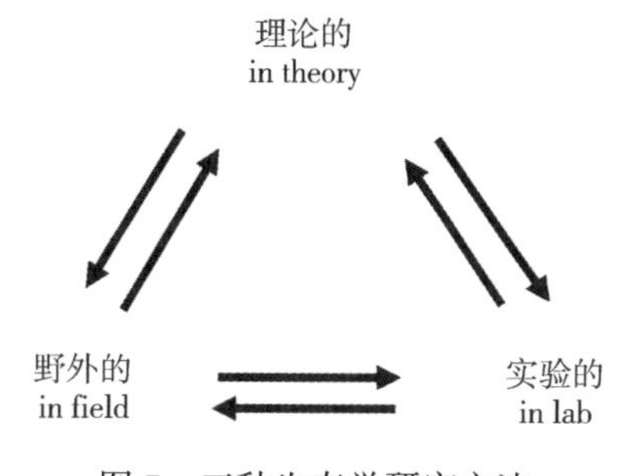

图 7 三种生态学研究方法

3.生态学研究的一般思路和流程

科学研究是人类认识自然、改造自然和服务社会的原动力,是科技创新的源泉。

其目的在于探求新的知识、理论、方法、技术和产品。基础或应用基础性研究在于揭示新的知识、理论和方法;应用性研究则在于获得某种新的技术或产品。无论基础性研究,还是应用性研究,都是建立在科学的研究方法之上的,其基本过程大致包括3个环节:

(1)根据自己的研究(观察、了解)或前人的研究(通过查阅文献)对所研究的命题形成一种认识或假说。

(2)根据假说所涉及的内容安排相斥性实验或抽样调查。

(3)根据实验或调查所获得的资料进行推理,肯定或否定或修改假说,从而形成结论,或开始新一轮的实验,以验证修改完善后的假说,如此循环推进,使所获得的知识逐步发展、深化。

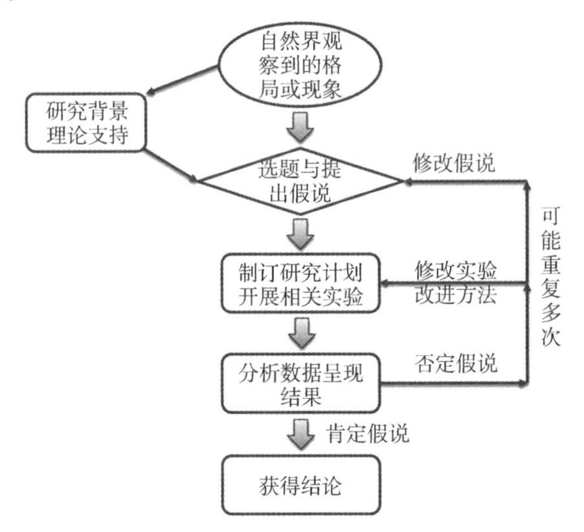

图8 科学研究的基本过程

与其他自然科学一样,开展生态学研究通常也包括以下几个方面:①通过观察自然条件下的生态现象和模式,结合已有的国内外研究背景和相关理论提出假说,并预测在假设成立的情况下可能观察到的生态学现象;②围绕提出的假设和预测设计开展相关实验,收集资料;③分析资料,比较实测资料和预测结果,对假设的真伪进行检验;④如果为真,接受假设,就可以得到一个生态学的模式或结论;如果假设被否定,再重新观察、形成新的假设,进入下一个探索循环。

第一章 生态学实验设计

实验一 生态学研究方法及内容体系

生态学研究方法大多数与相关学科的方法相同或相似,不仅要通过野外的观测和实地的调查研究,而且还需要通过严格控制实验来模拟自然的生态过程,并对资料数据进行综合分析,找出生态学规律。因此,根据生态学研究目的和实际需求,生态学的研究方法通常包括原地观测研究、受控实验研究、模型仿真研究,以及综合分析方法4大类型。

一、原地观测研究

原地观测研究是指在自然条件下对生物及其生存环境的考察,是生态学现象直观的第一手资料来源。生态现象涉及因素众多,联系形式多样,相互影响又随时间不断变化,观测的角度和尺度不一,迄今尚难以或无法使自然现象全面地在实验室内再现。因为生态学的研究对象(如个体、种群、群落等)均与特定的自然生境不可分割,原地观测仍是生态学的基本方法。在原地观测研究方法中,通常还可以分为野外考察和定位观测。

1.野外考察

野外考察是考察特定生物要素和环境要素的时空分异和规律。野外考察首先要根据考察任务或者考察对象,确定考察的空间范围及其边界,然后再设计相应的调查方案和调查指标。

对于不同考察尺度和对象,需要考察的范围和调查指标也不同。种群生境边界的确定,视物种生物学特性而异。尤其对于动物种群,其巢穴或防御的领地可能很小,但因取食需要,其活动范围可能很大。对有定期长距离迁徙或洄游行为的动物种群,原地观测往往要包括广大地区,考察动物种群活动可能要用飞机、遥测或标志追踪技术。在大范围内出现群落连续或逐渐过渡性强时,则要借助于群落统计学或航测遥测技术。

野外考察种群或群落的特征,测计生境的环境条件,不可能在原地进行普遍的观测,只能通过适合于各类生物的规范化抽样调查方法。例如,动物种群调查中取样方法有样方法、标志重捕法、去除取样法等。植物种群和群落调查的方法有样方法、样线法等。不管任何抽样方法,抽取样本的大小、数量和空间配置,都要符合统计学原理,保证数据能够反映总体特征。

种群水平的野外考察项目主要有:个体数量(或密度),水平与垂直分布样式,适应形态性状,生长发育阶段或年龄结构,物种的生活习性行为、死亡因子等。属于群落水平的考察项目主要有:群落的种类组成,即对组成该群落的植物种类进行分类、鉴定和记录各种动物的生态习性和行为;各种动植物种群的多度、频度、显著度、分布样式、年龄结构、生活史阶段、种间关联和群落结构等。同时,要考察种群或群落生境的主要环境因子特征,如对生境的总面积、形状、海拔高度、大气物理、水、土壤、地质、地貌等环境因子的描述和测量。

此外,由于人类活动对自然生态系统的长期干扰,许多野外调查还需要涉及社会经济环境的调查。对于周边社会经济要素的调查,首先也需要确定研究对象和研究范围,然后根据研究目的,设计一系列调查表格和问卷;通过资料收集、当面采访、座谈会、问卷调查等方法收集调查区域内社会经济概况,如产业结构及发展概况、人口状况、资源分布状况、环境保护状况等,以便揭示社会经济环境与自然生态系统之间的关系。

2.定位观测

定位观测是考察某个种群、群落、生态系统以及景观结构功能与环境相互关系的时态变化。定位观测先要设立一块可供长期观测的固定样地,样地必须能反映所研究的种群或群落及其生境的整体特征。定位观测时限取决于研究对象和目的,若是观测种群生活史动态,微生物种群的时限只要几天,昆虫种群是几个月到几年,脊椎动物是从几年到几十年,多年生草本和树木要几十年到几百年;若是观测群落演替所需时限更长;若是观测种群或群落功能或结构的季节或年度的动态,时限一般是一年或几年。定位观测的项目,除野外考察的项目外,还要增加生物量增长、生殖率、死亡率、能量流、物质流等结构功能过程的定期观测。

二、受控实验研究

受控实验研究方法是指通过不同手段或者控制有关因子，检验研究对象间的反应差别。在生态学研究中，通常根据实验研究场所的不同，该研究方法又可分为野外实验和室内实验两类。

1.野外实验

野外实验是在自然条件下，采取某些措施，获得某个因子的有关变化对种群或群落其他因子及对某种效果所产生的影响。例如，在草地上进行围栏实验，可获得牧群活动对草地中种群或群落的影响；在森林或草地群落里人为地除去其中的某个种群，或引进某个种群，从而辨识该种群对群落及生境的影响；或进行施肥、遮光、改变食物资源条件，以了解资源供应对种群或群落动态的影响的机制。

2.室内实验

室内实验是指在实验室中通过严格控制实验条件，研究某一个因子对生物影响的方法。例如，在人工气候室中，可以通过调控光照、温度、湿度、营养元素等因素中的某一个或几个因子，同时在保证其他因子不变的情况下，研究实验生物的个体、种群，以及小型生物群落系统的结构功能、生活史动态过程及其变化的动因和机理。

三、模型仿真研究

随着系统概念和计算数学在生态学研究中的应用，越来越多的学者采用数学模型来描述生态现象，模型仿真研究方法逐渐成为生态学研究中的重要方法之一。模型计算结果与实测数据相互印证有助于检验理论的有效性。研究人员还可以用电子计算机进行模拟试验、预测未来趋势。计算机模拟在性质和规模上都摆脱了传统实验方法的局限性，这不仅大大加快了研究进度，而且开拓了更为广阔的研究领域。

模型方法的第一步是对模式的精确描述，然后通过进一步观测，确定导致所观察到的模式的生物和环境过程，建立机制模型以进行理论解释。理论解释一旦建立，就可以引导人们进行有目的的观察或实验，或者根据一定的前提条件推导出新的现象。总之，数学模型经过验证，确定了它的真实性后，即可作为一项有用的工具进行实验仿真。分别改变方程中的变量及常数的数值，在计算机上进行运算，即可得出与数值相应的生态学过程和效果，宛如在实地进行实验一样。

数学模型仅仅是对现实生态学系统的抽象表达和描述，每种模型都有其一定的限度和有效范围。生态学系统建模并没有固定的法则，但必须从确定对象系统过程的真实性出发，充分把握其内部相互作用的主导因素，提出适合的生态学假设，再采用恰当的数学形式来加以表达或描述。生态学模型主要包括描述模型、机制模型和预测模型3类。描述模型通常是统计学模型,如动植物的生长函数;机制模型,其模型参数具有较明确的生态学含义,同时具有较强的假设,如Logistic模型、Lotka-Volterra模型以及结构种群的Leslie模型等;预测模型通常是根据生态学概念模型建立的复合模型系统,利用计算机进行数值计算来实现。

四、综合分析方法

生态学的研究对象复杂多样,涉及不同生物和环境因素,且时间、空间尺度不一。因此,生态学现象观测数据资料往往会涉及多种学科领域,是众多因素的变量集。对这些复杂而庞大的数据进行整理和综合分析,能够提出新的假说、检验假说,有助于获得一般性的结论。

生态学的综合分析方法是指对已有的大量的生态学调查研究资料和数据进行综合归纳和分析,表达各组变量之间存在的种种相互关系,反映客观生态规律的方法技术。在综合分析方法中,由于数据来源复杂多样,数据类型、量纲不一且尺度悬殊,因此,在综合分析前往往需要对数据进行规范化处理。首先需要对数据进行适当的处理,包括数据类型的转换,主要是把二元(定性)数据转化为定量数据,或者反之,以使数据类型一致。其次,对不同量纲的数据进行数值转换,如将原始数值换成对数、倒数、角度、概率等,以便更合理地体现各类数据之间的数量关系,使其具有一定的分布形式(如正态分布),或一定的数据结构(如线性结构)。还可进行数据的标准化或中心化处理,即把各项数据的绝对值转换为相对值(比值),使变量的取值在0~1之间,从而获得数据的几何意义,能在一定维数的坐标上定位和运算。经过规范化处理后的数据可用来构建数据矩阵,然后采用各种统计分析方法进行分析,揭示各因素作用的大小、相互关系及效应。

实验二　生态学实验设计的原则与方法

所谓实验,是指为了发现一些未知效应,或者为了检验、建立、解释所提出的假设,又或是对已知的真理进行解释,在对条件有目的的控制或操作的基础上进行的研究。由于自然条件下生物与生物间、生物与环境间关系的复杂性,使得生态学实验实施起来有诸多困难。尤其对于野外实验,研究者没法控制绝大多数因素,只能让它们自然变化。但通过实验可以真正揭示生态学中的因果关系,因此,实验仍是研究生态学最基本的科学方法之一。

对于任何生态学实验(包括野外实验和实验室实验),保证实验数据能够反映研究对象的客观真实、符合统计分析要求,是通过实验得出科学结论的前提。因此在开始实验之前,根据研究目的和要求,按照统计学理论和方法设计一套完整科学的实验方案,是实现科学研究目的的关键。

一、生态学实验设计的原则

1.单一变量原则

单一变量原则是实验步骤设计中非常重要的原则。所谓单一变量,主要指在对比实验中,只有一个变量不同,其他变量完全相同。比如,在研究光照对植物影响的实验中,针对同种植物的两个个体 a 和 b,实验中完全相同的植物 a、b,在相同温度、湿度、浇水量、土壤等情况下, a 植物有光照,b 植物没有光照,这里的光照(或者不同光照强度)就是单一变量。单一变量原则主要是对实验变量与反应变量的控制而言,它有两层意思:一是确保单一变量的实验观测,即不论一个实验有几个实验变量,都应做到一个实验变量对应观测一个反应变量;二是确保单一变量的操作规范,即实验实施过程中要尽可能避免无关变量及额外变量的干扰。

2.对照原则

实验对照原则是实验设计和实施的准则之一。通过设置实验对照、对比,既可以排除无关变量的影响,又可以增加实验结果的可信度和说服力。通常,一个实验分为实验组和对照组。实验组是接受实验处理的对象组;对照组,对实验假设而言,是不接受实验处理的对象组。至于哪个作为实验组,哪个作为对照组,一般是随机决定的。这样,从理论上说,通过实验组与对照组两者之间的差异,则可认定是来自实验处理的效果,这样的实验结果是可信的。在生态学实验中,根据实验目的的不同,实验对照通常包含以下几种类型。

(1)空白对照:指不做任何处理的对象组。

(2)条件对照:指虽给对象施以某种实验处理,但这种处理是作为对照意义的。

(3)自身对照:指实验与对照在同一个对象上进行,即不另设对照组。

(4)相对对照:指不另设对照组,而是几个实验组相互对比,在等组实验法中,大多数都是运用此对照。

3.平行重复原则

平行重复原则,即控制某种因素的变化幅度,在同样条件下重复实验,观察其对实验结果影响的程度。对于实验中的任何处理,没有重复就无法准确判断处理的效果,即无法判断这些处理之间的差异是否显著。因此,任何实验都必须能够重复,这是检验实验是否具有科学性的标志。

4.随机化原则

随机化是指在实验过程中,实验对象的分组和各处理的配置都是随机的。实验设计的随机化是统计分析的基石,其目的在于最大限度地消除个体之间的各种差异和人为因素对实验结果的影响。

二、生态学实验设计的步骤

1.确定实验目标

在进行任何实验之前,实验者都应该清醒地知道通过实验要回答什么问题,或揭示什么规律,或验证什么假说。

2.筛选实验变量

在确定实验目标后,要分析影响实验结果的因素有哪些(可通过查阅相关文献获得)。例如,研究植物干物质生产与环境因素的关系,供筛选的因素可能包括日照时间、水分、最高温度和最低温度等。在这些环境因素中,首先要考虑影响显著的因素,然后再考虑影响不显著的因素。即使对于那些同等重要的环境因素,也要根据实验的规模、实验材料、时间、财力等情况进行筛选。

在确定实验变量后,要注意实验变量的度量问题,即这些变量是定量的(quantitative)、半定量的(semi-quantitative),还是定性的(qualitative)。在可能的情况下,最好选择定量的变量,因为它可以用多种统计方法进行分析,提供不同的分析结果,为科学研究提供充分的信息。例如,水分可以通过控制不同的灌溉量作为定量因素,那么它与植物干物质生产的关系,既可以用方差分析(Analysis Of Variance,ANOVA)研究不同水分之间干物质生产的差异是否显著,还可以通过回归分析(analysis of regression)研究随着水分梯度的改变,植物干物质生产会随之发生何种方式的变化。

3.确定因素水平

因素水平的选择原则是:重要因素的水平数可以多一些,次要因素的水平数可以少一些。

4.完成实验设计

如果实验仅考虑 1 个因素,就可以进行单因素实验设计;如果是 2 个因素,可以用交叉分组的全面实验来完成实验设计;当超过 3 个因素时,需考虑重复实验,那么整个实验次数将会大大增加,应该用实验次数较少而效果又好的正交设计(orthogonal design）。

三、生态学实验设计方法举例

根据研究目的、处理因素的多少，处理因素间有无交互作用等具体情况，统计学家已发展了很多种实验设计方法。这些实验设计方法在操作上各有特点，这里仅介绍较为基础且常用的完全随机设计（complete randomization design），其余实验设计方法请读者参见相关的统计学教材和专著。

完全随机设计是指只涉及一个处理因素，该因素有两个或者多个水平，也称为单因素设计。完全随机设计将样本中全部实验对象随机分配到各个处理组中，分别接受不同方式的处理，然后对处理效应进行对比观察。因此，如果实验结果有差异，肯定是不同处理效应所致。下面以油松的水分生理生态实验为例，看如何进行具体的实验设计和分析。

例 1-1（资料来源：付必谦，2006）　假设有 5 个处理，每个处理重复 6 次，即 $n=6$，这样共需 30 株油松幼苗进行实验。假设这 30 株幼苗来自同一母树的种子，而且同时播种，出苗时间和个体大小基本相同，试完成个体的随机化设计。

实验设计步骤：

（1）将 30 株油松幼苗编号，1～30。

（2）查 30 个随机数字（两位数即可）。

（3）确定随机数字的秩。

（4）根据随机数字秩的大小，确定油松幼苗的分组，即秩为 1～6 所对应的幼苗分到第 1 组，秩为 7～12 所对应的幼苗分到第 2 组，以此类推（表 1-1）。

表 1-1　油松幼苗的随机化方案

幼苗序号	01	02	03	04	05	06	07	08	09	10	11	12	13	14	15
随机数字	98	32	69	01	25	77	12	29	09	56	62	36	85	24	19
秩	30	12	22	1	9	26	5	11	4	18	20	14	28	8	6
组别	5	2	4	1	2	5	1	2	1	3	4	3	5	2	1
幼苗序号	16	17	18	19	20	21	22	23	24	25	26	27	28	29	30
随机数字	75	71	26	68	44	82	33	57	49	91	02	41	22	73	06
秩	25	23	10	21	16	27	13	19	17	29	2	15	7	24	3
组别	5	4	2	4	3	5	3	4	3	5	1	3	2	4	1

（5）处理的随机化。方法与上述个体随机化方法相同。结果见表 1-2。

表 1-2　5 个水分梯度的随机化方案

处理序号	A	B	C	D	E
随机数字	35	22	01	85	66
秩	3	2	1	5	4
个体分组	3	2	1	5	4

综合表 1-1 和表 1-2 完成的油松幼苗水分生理生态的完全随机化实验设计(表 1-3)。

表 1-3　油松幼苗水分生理生态实验完全随机化设计方案

处理	重复					
	I	II	III	IV	V	VI
A	10	12	20	22	24	27
B	02	05	08	14	18	28
C	04	07	09	15	26	30
D	01	06	13	16	21	25
E	03	11	17	19	23	29

完全随机化实验设计的优点在于,实验具有很大的伸缩性,即每个处理可以相等,也可以不等,简便易行,适用范围广,个别数据缺失也不影响统计分析;但缺点是其研究分析效率较低,小样本时均衡性较差,抽样误差较大,尤其当实验对象间差异较大时,实验误差较大,这时就需要选择其他实验设计方法来克服,如随机分组设计。

实验三　基本统计方法

在生态学研究中,不论是观察性研究还是实验性研究,都需要对调查样本数据进行数理统计分析,这样才能将调查或者实验数据转化成有意义的科学结论。根据实验数据的类型,可以用不同的方法进行统计分析。如果是二元数据(0,1),可以用拟合优度检验(goodness of fit test)等方法来分析;如果是连续数据,可以用假设检验、采取 ANOVA 或回归分析等方法来分析。考虑到本书读者主要为初学者,对数理统计分析了解较少,本书简单介绍几种生态学实验研究中常用的统计分析方法,以供学习参考。

一、两个样本平均数的比较

两个独立样本 t 检验,常用来比较两个不同样本所属的总体均数是否存有差异。在实验性研究中,常用来检验比较随机对照实验的处理效果;在观察性研究中,常用来比较不同群体的特征差异。该检验通常要求两个样本是相互独立的,且所在总体服从正态分布。具体分析步骤如下。

(1)通过实验(或调查)获得两个随机样本的数据:

$$X_1:x_1,x_2,\cdots,x_{n_1};X_2:x_1,x_2,\cdots,x_{n_2}。$$

(2) 首先求出它们的平均数和方差 $\bar{x}_1,\bar{x}_2,s_1^2,s_2^2$。

(3) 计算 t 值和自由度 df:

$$t=\frac{\bar{x}_1-\bar{x}_2}{\sqrt{\frac{df_1\ S_1^2+df_2\ S_2^2}{n_1+n_2}\left(\frac{1}{n_1}+\frac{1}{n_2}\right)}}。$$

式中,$df_1=n_1-1$, $df_2=n_2-1$,t 的自由度$df_t=df_1+df_2$。

(4) 查 t 值表比较:

如果 $t>t_{0.05}$, 亦即 $p<0.05$,则两个样本平均数之间存在显著差异,否则这两个样本平均数间差异不显著。如果 $t>t_{0.01}$,亦即 $p<0.01$,则两个样本平均数之间存在极显著差异。

例 1-2(资料来源:胡秉民和张全德,1985) 欲研究两种施肥量对小麦籽实产量的影响有无差异。经两种施肥量处理后小麦籽实的实产量如表 1-4。试问,两种施肥量(A_1和 A_2)下小麦籽实平均产量是否有显著差异?

表 1-4 两种施肥量处理下的小麦籽实产量 (单位:kg)

施肥量	重复					$\sum x$	$\bar{x}$
A_1	38.8	37.6	37.4	35.8	38.4	188.0	37.6
A_2	40.9	39.2	39.5	38.6	39.3	197.5	39.5

根据上述步骤,计算结果如下:

$$\bar{x}_1=37.6;\bar{x}_2=39.5;s_1^2=1.34;s_2^2=0.725。$$

按照公式进一步求得:$t=-2.959$, $df=8$。

根据显著水平 $a=0.05$，$df=8$，查 t 值表 $t_{0.05(8)}=2.306$。由于 $|t|>t_{0.05(8)}$，即 $p<0.05$。说明两种施肥量处理下，小麦籽实平均产量有显著差异，施肥量 A_2 处理下的产量显著高于施肥量 A_1。

二、方差分析与多重比较

方差分析主要是解决多个样本（$k\geqslant3$）平均数之间差异显著性检验的一种统计方法。其基本思想是：观测变量值的变动受控制变量和随机变量两方面的影响，通过分析研究不同来源的变异对总变异的贡献大小，从而确定控制变量对研究结果影响力的大小。为了便于理解，先以实例说明方差分析的基本原理。

例 1-3 假设要研究太白山不同森林群落树种丰富度是否有差异，应用随机抽样的方法分析调查了油松林、栓皮栎林、锐齿栎林和辽东栎林乔木层树木组成，各群落类型调查了 12 个样方，记录了样方内的树种数。具体数据如表 1-5。

表 1-5 太白山不同森林群落树种丰富度

群落类型	样方号												合计	平均
	1	2	3	4	5	6	7	8	9	10	11	12		
油松林	3	4	3	3	5	4	3	4	4	7	4	5	47	3.917
栓皮栎林	9	8	10	8	7	6	5	8	7	10	8	10	96	8.000
锐齿栎林	6	5	4	7	6	5	4	9	7	6	8	8	75	6.250
辽东栎林	6	5	7	5	4	6	6	5	7	7	7	4	69	5.750

以 k 代表群落类型，n 代表地点内的观察值，共有 kn 个观察值。这里假定影响树木丰富度的只有群落类型 1 个因素，4 个群落类型就表示 4 个水平。因此该实验称为 4 水平的单因素实验。实验的响应变量（即因变量）是树木丰富度，解释变量（即自变量）是群落类型。

其具体方法和步骤如下：

（1）建立零假设 $H_0:\mu_0=\mu_1=\mu_2=\cdots=\mu_k$，即各组样本的平均值相等，并确定其显著水平，如 $a=0.05$ 或 $a=0.01$。

（2）列出分组数据资料的统计表，即表 1-5。

（3）计算平方和、自由度和均方：

A. 矫正数：$C=\dfrac{T^2}{kn}$

B. 总平方和：$SS_T=\sum\sum x^2-C$

总自由度：$df_T = kn - 1$

C.组间（处理）平方和：$SS_A = \frac{\sum T_i^2}{n} - C$

组间自由度：$df_A = k - 1$

组间均方：$MS_A = SS_A / df_A$

D.组内平方和：$SS_e = SS_T - SS_A$

组内自由度：$df_e = k(n - 1)$

组内（误差）均方：$MS_e = SS_e / df_e$

（4）计算 F 值：$F = MS_A / MS_e$。

（5）根据计算结果，列出方差分析表（表 1-6）。

表 1-6　方差分析表

变异来源	自由度（df）	平方和（SS）	均方（MS）	F 值
组间（处理）	$k - 1$	SS_A	MS_A	MS_A / MS_e
组内（误差）	$k(n - 1)$	SSe	MS_e	—
总变异	$kn - 1$	SS_T	—	—

（6）根据 a、df_A 和 df_e，查 F 检验表，得到 $F_{0.05}$ 和 $F_{0.01}$ 值。若 $F > F_{0.05}$，则拒绝 H_0，实验处理效应大于误差效应，组间（处理间）存在显著差异；反之，则接受 H_0，即实验处理效应小于误差效应，组间（处理间）不存在显著差异。同理，可以根据 F 和 $F_{0.01}$ 值的比较结果确定处理间是否存在极显著差异。

（7）处理间的多重比较。在对多个处理组平均值进行比较时，如果分析结果显示有统计学意义，只能说明处理组平均值不全相等。如果要知道具体哪些处理组平均值不等或相等，还需要进一步进行各处理组平均值间的两两比较，即样本平均值间的多重比较。在方差分析中，多重比较的方法有很多种，这些方法各具优缺点，通常要根据研究的类型（探索性研究还是实证性研究）、两两比较组数的多少等进行选择，各种多重比较方法的详细内容可参见相关的统计学教材或者专著。下面以常用的新复极差法（又称 SSR 法或 Duncan 法）为例介绍多重比较的方法，具体步骤如下：

① 计算平均值的标准差：$S_{\bar{x}} = \sqrt{\frac{MS_e}{n}}$。

② 计算 LSR（最小极差值）：$LSR_a = SSR_a \times S_{\bar{x}}$。

式中，a 是显著水平，SSR_a 是在误差自由度下，根据两极差间所包含的平均值的

个数 P(包括两极差),由新复极差检验 5%和 1%值表查得。

③ 各处理平均值间比较。根据 LSR,将各处理平均值以大小顺序排列成表,进行相互比较检验,任何平均值的差值达到或超过 $LSR_{0.05}$,表示差异显著;达到或超过 $LSR_{0.01}$,表示差异极显著。

对于例 1-3,方差分析的结果见表 1-7。

表 1-7 不同群落类型树木丰富度方差分析表

变异来源	自由度(df)	平方和(SS)	均方(MS)	F 值
群落类型间	3	101.563	33.854	19.241**
误差	44	77.417	1.759	—
总变异	47	178.979	—	—

由于 $F > F_{0.01(3,\ 44)} = 4.26$,因此,4 个植被类型树木物种丰富度存在极显著差异("**"表示 $F > F_{0.01}$;"*"表示 $F > F_{0.05}$)。为了进一步了解各群落类型树木丰富度之间的差异程度,应用新复极差法对它们的平均数进行两两比较,新复极差法多重比较结果如下:

$S_{\bar{x}} = 0.3829$。两极差间所包含的平均值个数 $P = 2,3,4$。查 SSR 值表得 SSR_a 值,计算出 LSR_a 值,如表 1-8。

表 1-8 LSR_a 表

P	$SSR_{0.05}$	$LSR_{0.05}$	$SSR_{0.01}$	$LSR_{0.01}$
2	2.86	1.095	3.82	1.463
3	3.01	1.153	3.99	1.528
4	3.10	1.187	4.10	1.570

根据 LSR_a 值,对群落类型树种丰富度进行比较,结果如表 1-9。

表 1-9 各群落类型平均丰富度差异表

群落类型	$\bar{x}_i$	$\bar{x}_i - 3.917$	$\bar{x}_i - 5.750$	$\bar{x}_i - 6.250$	0.05 显著水平	0.01 显著水平
栓皮栎林	8.000	4.083**	2.250**	1.750**	*a*	*A*
锐齿栎林	6.250	2.333**	0.500	—	*b*	*B*
辽东栎林	5.750	1.833**	—	—	*b*	*B*
油松林	3.917	—	—	—	*c*	*C*

字母不同表示平均数之间差异显著，字母相同表示差异不显著。

由上表可知，在0.05显著水平，栓皮栎林的树木丰富度最高，显著高于其他3个群落类型；油松林的树木丰富度最低，显著低于其他3个群落类型；锐齿栎林和辽东栎林的树木丰富度没有显著差异。

三、回归分析

在统计学中，回归分析（regression analysis）指的是确定两种或两种以上变量间相互依赖的定量关系的一种统计分析方法。回归分析按照涉及的变量的多少，分为一元回归和多元回归分析；按照因变量的多少，可分为简单回归分析和多重回归分析；按照自变量和因变量之间的关系类型，可分为线性回归分析和非线性回归分析。生态学应用最广泛的是一元线性回归和曲线回归方程（如种群增长的Logistic方程）。其中，一元线性回归分析属于回归方法应用最简单的情况，即在回归分析中，只包括一个自变量和一个因变量，且二者的关系可用一条直线近似表示。下面以一元线性回归分析为例介绍一下其原理与方法。

假设对两个变量x和y做n次观察实验，得到n对数据。现在要找出一个函数$y=f(x)$，使它在$x=x_1,x_2,\cdots,x_n$时对应的数值$f(x_1),f(x_2),\cdots,f(x_n)$与观察值$y_1,y_2,\cdots,y_n$趋于接近。具体方法是在一个平面直角坐标系中绘出每个x，y的散点图，如果这些点大致分布在一条直线附近，就可判断其为直线回归，可用数学公式表示为：

$$y=a+bx。$$

式中，a为常数项，表示回归直线在y轴上的截距；b为y对于x的回归系数，表示x每增加一个单位，y随之增加（$b>0$）或减小（$b<0$）b个单位。计算a,b的公式为：

$$a=\bar{y}-b\bar{x},$$

$$b=\frac{\sum(x-\bar{x})(y-\bar{y})}{\sum(x-\bar{x})^2}。$$

如果回归方程的显著性检验结果不显著（$p>0.05$），说明变量x和y之间不存在回归关系。其原因可能是x和y之间本身无直线关系或因变量y除x外，还受其他因素影响。如果显著性检验结果为显著，说明x和y之间存在依存关系，其相关程度可以根据二者的相关系数（correlation coefficient）r的大小来衡量。一般来说，r的绝对值越大，变量之间的相关程度就越高。相关系数r的计算公式为：

$$r=\frac{\sum(x-\bar{x})(y-\bar{y})}{\sqrt{\sum(x-\bar{x})^2\sum(y-\bar{y})^2}}。$$

例 1-4(资料来源:Glover, Mitchell,1998) 为了研究青蛙每分钟的心跳次数与温度的关系,研究人员需在温度梯度下记录青蛙每分钟的心跳次数,具体实验数据如表 1-10。

表 1-10 青蛙心跳次数和温度的实验结果

序号	1	2	3	4	5	6	7	8	9
温度(x)	2	4	6	8	10	12	14	16	18
心跳(y)	5	11	11	14	22	23	32	29	32

通过求解,$a=2.139$, $b=1.775$。回归方程为:

$$y=2.139+1.775x。$$

回归方程表明,温度 x 每升高 1 ℃,青蛙心跳次数 y 将增加 1.775 次。

对方程的方差分析显示,$F=108.6>F_{0.01(1,7)}$,$p<0.01$。说明青蛙心跳次数与温度的回归方程极显著,二者存在真实的线性关系。通过进一步计算,相关系数 $r=0.969$,说明二者有强正相关关系。

第二章　野外生态因子测定

实验四　地形地貌因子测定

一、实验目的

通过对植物群落地形地貌等环境因子参数的测定，掌握生态学研究中地形地貌因子的测定方法。了解陕西省不同生态气候区地形地貌因子的特点和空间变化规律，进而理解生物与环境之间的相互关系，认识地形地貌因子在生态学研究中的重要性。

二、实验原理与背景

自然群落的地形地貌主要指群落地势高低起伏的变化及走向。在自然条件下，虽然地形地貌是影响群落分布和结构特点的间接生态因子，但其可以通过影响局部范围的光照、温度、水分和养分等因子的分布从而决定群落小气候、土壤环境以及生物的分布，因而自然群落的地形地貌在生态学调查研究中备受重视。因此，生态学野外调查中，地形地貌因子的测定是生态学野外调查中最基础的内容。

在自然条件下，表征地形地貌的因子有海拔高度、坡度、坡向、坡位、地形起伏度、地表粗糙度和切割深度等，但较为重要的且可准确测量的主要是海拔高度、坡度和坡向。因此一般情况下，常以海拔高度、坡度和坡向来大致表示研究尺度下的地形地貌特点。

海拔高度(altitude)是指地面某个地点高出海平面的垂直距离。随着海拔的升高，温度、光照、大气压、降水等气候因子都会随之发生变化，因此，海拔高度是影响生物生长和分布的重要因子。

坡度(slope)表示局部地表坡面的倾斜程度,通常以坡面的垂直高度与水平距离的比值计算,常用的表示方法为度数法。不同地形条件常根据其坡度大小划分为不同等级:0°~0.5° 为平原、0.5°~2° 为微斜坡、2°~5°为缓坡、5°~15°为斜坡、15°~35°为陡坡、35°~55° 为峭坡、55°~90°为峭壁。坡度不同,太阳入射角不同,因而坡面获得的太阳辐射量也不同,大气温湿度、土壤温湿度以及地表径流等都会随之发生变化,进而影响生物的生长和分布。

坡向(aspect)定义为坡面法线在水平面上的投影的方向(也可以通俗地理解为由高及低的方向)。坡向对于山地生态有着较大的作用。不同的坡向太阳辐射强度和日照时数有别,其水热状况和土壤理化性质有较大差异。以北半球为例,南坡的辐射收入最多,其次为东南坡和西南坡,再次为东坡与西坡及东北坡和西北坡,最少为北坡。

三、测定仪器和方法

1.海拔高度的测定

在生态学调查中,常用于测定海拔高度的仪器是手持式全球定位系统(Global Positioning System,GPS,图 2-1)。但 GPS 测定时,需要同时捕捉到 4 个以上的卫星才能准确测得海拔、地理位置等信息。因此,要测定海拔高度,只需在调查位置打开 GPS,待其捕捉到 4 个卫星定位,即可获得调查点的海拔高度和位置信息。

图 2-1　手持式 GPS

2.坡度和坡向的测定

测定坡向和坡度一般用地质罗盘仪。地质罗盘式样很多,但结构基本是一致的,我们常用的是圆盆式地质罗盘仪(图 2-2)。由磁针、刻度盘、测斜仪、瞄准觇板、水准器等几部分安装在铜、铝或木制的圆盆内组成。磁针一般为中间宽、两边尖的菱形钢针,安装在底盘中央的顶针上,可自由转动。为了使磁针保持平衡,常在磁针南端绕上几圈铜丝,这也便于区分磁针的南北两极。水平刻度盘的刻度从 0°开始按逆时针方向每 10°一记,连续刻至 360°,0°和 180°分别为 N 极和 S 极,90°和 270°分别为 E 极和 W 极,利用它可以直接测得地面两点间直线的磁方位角。直刻度盘专用来读倾角和坡角读数,以 E 或 W 位置为 0°,以 S 或 N 位置为 90°,每隔 10°标记一次相应数字。悬锥是测斜器的重要组成部分,悬挂在磁针的轴下方,通过底盘处的觇板手可使悬锥转动，悬锥中央的尖端所指刻度即为倾角或坡角的度数。水准器通常有两个，分别装在圆形玻璃管中，圆形水准器固定在底盘上，长形水准器固定在测斜仪上。

坡向测定就是测定所在坡面的方位角，即从子午线顺时针方向到坡向方向线的夹角。测量时手持罗盘仪站在坡面上，面对坡下，放松制动螺丝，使对物觇板指向测物，即使罗盘北端对着目的物，南端靠着自己进行瞄准，使目的物、对物觇板小孔、盖玻璃上的细丝、对目觇板小孔等连在一条直线上，同时使底盘水准器水泡居中，待磁针静止时指北针所指度数即为所测目的物的方位角。注意：缠有铜丝的指针在任何时候所指方向为南，而另一指针所指方向为北。罗盘仪中真方位角为0°~360°，如果S极所指数字为225°，N极所指数字为45°，说明坡向为北偏东45°，记作N45°E。

图2-2　圆盆式地质罗盘仪

测量坡度时，将罗盘直立，刻度盘竖立向下，并使罗盘仪的长边与坡面呈平行状态，用中指扳动罗盘底部的活动扳手，使长形水准器气泡居中，悬锥中间所指最大度数即为坡度。

四、数据采集与分析

结合陕西省大剖面实习，在各实习点具有代表性的植物群落内选择样地，测定并记录样地的海拔、坡度和坡向等地形地貌特征，并根据调查结果比较不同生态气候区内及区间地形地貌因子的变化。

五、思考题

(1)在野外调查时，测定地形地貌因子时应注意哪些事项？

(2)根据自己的观察记录，试讨论所测地形地貌因子对植被覆盖和群落结构的影响。

实验五　气象气候因子测定

一、实验目的

掌握生态学研究中气象气候因子的测定方法，了解陕西省不同生态气候区气象气候因子的特点和空间变化规律，进而理解生物与环境之间的相互关系，认识气象气候因子在生态学研究中的重要性。

二、实验原理与背景

气候因子是众多生物生态影响因子中最为重要的一类。常见的气候因子有温度、光照、水分和大气条件等，这些气候因子决定了地球上生物的分布和形态建成。在自然条件下，气候环境分为大的气候环境和小的气候环境。大的气候环境主要指大尺度的气候特点，比如地球上气候因子的变化呈现明显的纬度地带性和山体垂直地带性。这种大尺度的气候变化就是大的气候环境，由于大尺度气候变化剧烈，因此它决定了生物的分布。小的气候环境则主要指在小范围内，由于局部地形地貌、下垫面的辐射特性与空气交换过程的差异而形成的局部气候特点。小气候除了受大气候影响外，还受到局部众多生物和非生物环境因子的影响。例如，群落小气候除受其所处气候带的影响外，很大程度上还受海拔、地形地貌、群落类型、物种组成、生物密度等因子的影响。由于群落小气候对生物的生命活动行为有更直接的影响，生物对气候环境的适应也主要体现在局部小气候的变化过程中，因此，小气候环境更受到生态学研究的重视。

在生态调查研究中，常观测的小气候因子一般包括太阳辐射、空气温度和湿度、降水、风向和风速、二氧化碳浓度，以及由这些气象气候要素所影响和决定的辐射平衡、热量平衡、水分平衡、二氧化碳平衡以及水汽输送等。

三、测定仪器和方法

目前用于测量气象气候因子的主要仪器是自动气象站。自动气象站是能够自动探测多个要素，无需人工干预，即可自动生成报文，定时向中心站传输探测数据的气象站。随着科学技术的发展，目前已有各种便携式小型自动气象站被广泛应用于生态学气候因子的观测和调查中，如应用比较广泛的美国H21便携式小型自动气象站（图2-3）。

图2-3 便携式小型自动气象站

便携式小型自动气象站一般由数据采集器、传感器、安装支架、软件等部件组成。其数据采集系统一般都为多通道数据采集系统，可根据调查研究的需求连接多种传感器，以测定空气温湿度、风速和风向、降水量、太阳总辐射、生理有效辐射、紫外辐射、大气压等气象气候要素。其软件功能强大,可实现数据的定时自动下载和基本统计处理,并绘图显示。便携式小型自动气象站支架高度一般有2 m、3 m、10 m 3种,可根据不同规范和需要安装传感器,可以固定安装定点监测,也可以组成便携式系统随时随地测量。其供电方式灵活,有电池供电、太阳能板辅助供电或交流电源供电3种。

四、数据采集与分析

(1)结合陕西省大剖面实习,在各实习点选择开阔的区域安装便携式小型自动气象站,选择晴朗无云的天气观测3个时段(9:00、14:00和19:00)群落内小气候参数,包括太阳辐射强度(总辐射强度和光合有效辐射强度)、空气温湿度、风速、风向、CO_2浓度和气压,每次记录5次重复。

(2)利用单因素方差分析,比较不同生态区气象气候因子的差异。

五、思考题

(1)用便携式小型自动气象站测定小气候时应注意哪些事项?

(2)根据自己的观察记录,试讨论近地面小气候特征对植被覆盖和群落结构的影响。

六、数据记录样表

表2-1　小气候因子观测记录表

观测时间	重复	太阳辐射强度/(W/m^2)		大气参数					
		总辐射强度	光合有效辐射强度	温度/℃	湿度/%	风速/(m/s)	风向	CO_2浓度/%	气压/Pa
9:00	1								
	2								
	3								
	4								
	5								
14:00	1								
	2								
	3								
	4								
	5								

续表

观测时间	重复	太阳辐射强度/(W/m^2)		大气参数					
		总辐射强度	光合有效辐射强度	温度/℃	湿度/%	风速/(m/s)	风向	CO_2浓度/%	气压/Pa
19:00	1								
	2								
	3								
	4								
	5								

实验六　土壤取样及理化性质测定

一、实验目的

通过对陕西省不同生态气候区植物群落土壤的取样和理化性质测定,掌握生态学研究中土壤理化性质的取样和测定方法。了解陕西省不同生态气候区的土壤理化性质的特点和空间变化规律,进而理解生物与环境之间的相互关系,认识土壤理化性质在生态学研究中的重要性。

二、实验原理与背景

土壤是位于陆地生态系统的底部、岩石圈外能供植物生长的疏松表层。土壤不仅是陆生植物根系生长的基质,为植物提供水分和养分,同时其本身也是重要的生态系统。土壤中生活着种类繁多的生物类群,因此,土壤理化性质的调查和观测一直是生态学研究中非常重要的内容。

在生态学研究中,常调查的土壤理化性质一般包括土壤水分、养分、温度、pH、盐分和电导率等。其中,土壤盐分是土壤所含总盐分(主要包括氯盐、硫酸盐和碳酸盐)的质量占土壤干重的百分比;土壤电导率是测定土壤水溶性盐的指标,水溶性盐的含量对土壤性质的影响较大,可根据电导率判断土壤中盐类离子是否限制植物生长的因素。

三、土壤取样及常规理化性质的测定方法

(一)土壤取样方法

在生态调查中,为了准确了解调查点的土壤类型和理化性质,最常用的方法为剖面土壤取样法。通过设置和挖掘土壤剖面,既可以观察土壤剖面的形态和性状特征确定土壤类型及垂直变化,又可为科学分层取样进行理化性质的分析提供科学依据。土壤剖面取样方法如下:

1.剖面设置和挖掘规格

剖面要选择在具有典型性、代表性的地方,设置时应尽量避开土层遭受破坏的地点(如沟边、路旁、有人为挖掘痕迹的地方等)。剖面土样采集可采用长 1.5 ~ 2 m、宽 1 m、深约 1~2 m 的土坑,具体深度根据调查点实际情况而定。如果要对土壤进行全面分析,挖坑时一般要挖至母质或者基岩为止。剖面坑的一端要求向阳,要垂直削平作为观察面。

2.剖面观察与分层

一般要先站在远处观察剖面,这样容易看清全剖面的土层组合,然后走近仔细观察,并根据各个剖面的颜色、质地、结构、紧实度、根系分布等变化,参考环境因素,推断土壤的发育过程,具体划分出各个发生层,用钢卷尺测量出各层深度(cm)。若层次结构不明显,或不易辨认,可以每 20 cm 的间隔从上到下人为划分,以便取样。

根据剖面土壤的颜色、质地、结构、紧实度、根系分布等变化来划分土层。森林土壤常见的土层有以下几种(图 2-4)。

(1)枯枝落叶层:主要是未分解或未半分解的有机物质。

(2)腐殖质层:腐殖质与矿物质结合,颜色深暗,团粒结构,疏松多孔。

(3)淀积层:干旱地区淀积层有碳酸盐类、石膏等,颜色较浅。

(4)母质层:成土作用不明显,基本上保持着母岩的特点。

3.土样的采集

土样的采集应在土壤剖面挖好后,按土壤发生层自下而上采集每一层的样品,注意取样前先用土壤刀修去表面薄层,然后取土层中央的土壤或是每隔 20 cm 取 1 个样,每个土样取 500 g。所有采集的样品装袋,并在袋子内外各备一张标签,注明采样信息(如地点、日期、采样深度、编号和采样人等)。

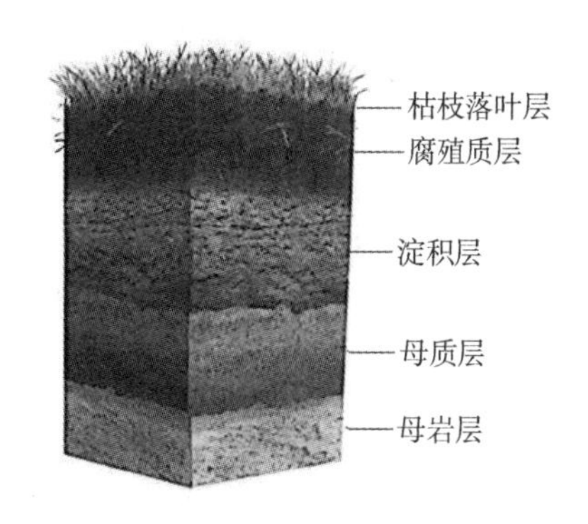

图 2-4　常见土壤剖面的土层垂直系列

（二）土壤常见理化性质的测定方法

1.土壤水分、温度、盐分、pH 和电导率的测定

目前，在生态学野外调查中，对土壤水分、温度、pH 和电导率的测定主要采用便携式土壤因子检测仪（图 2-5）。它们具有体积小、质量轻、携带方便、自带电源、数据储存、快速测定等特点，极大地满足了生态学野外多点调查的测量需求。例如，常用的各种 TDR 便携式土壤温湿度测定仪，仪器基于时域反射原理，在工作时产生的高频电磁波沿着探针上的波导体传输，并在探头周围产生一个电磁场。信号传输到波导体的末端后又反射回发射源。由于土壤结构的不同导致电磁波传输的速率也不同，通过采集时间信号，可直接测量土壤介质的介电常数；介电常数又与土壤水分含量的多少密切相关，土壤含水量即可通过模拟电压输出，由读表内嵌程序计算并显示出来，同时可通过内嵌传感器测得土壤温度和电导率参数。又如，用于测定土壤酸碱度的土壤原位 pH 计，带有不锈钢材料探针，内置场效应晶体管离子感应硅芯片，可直接插入潮湿土壤中测量 pH 值和温度。目前，便携式土壤因子测定仪多为多通道，即无需更换仪器，只需通过更换探针就可以实现水分、温度、盐分、pH 和电导率等多个因子的测量。

便携式土壤因子检测仪一般由手持式读表和探针两部分组成。将探针和手持式读表连接后，将探针插入调查点一定深度的土壤层，在显示屏上就可以直接读出土壤水分、盐分、温度和 pH 等数据。数据可储存在仪器中，在测定后下载到计算机上。为了满足分层测定的需求，可选用不同长度的探针（如 10 cm、20 cm、30 cm）插入土壤进行测定。需要注意的是，这些仪器的探针都较细，在插入土壤时不宜用力过猛，如感到有石块等硬物阻挡，要拔出探针更换位置，直到能顺利插入土壤，否则探针很容易受损，影响野外测定工作。

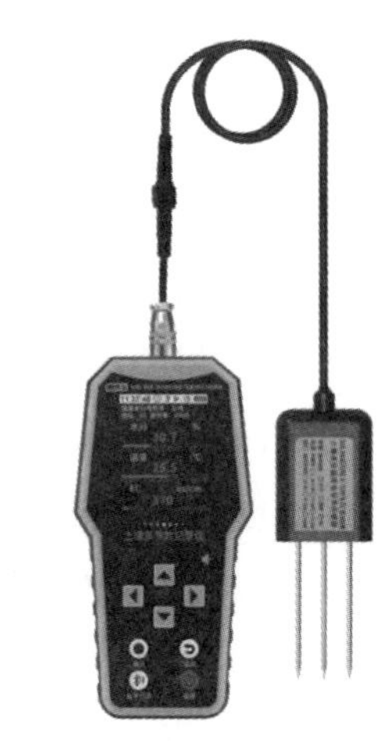

图 2-5　便携式土壤因子检测仪

2.土壤养分的测定

（1）样品的制备。野外采集的土壤样品需要经过风干、分选、挑拣、磨细、过筛、装瓶保存 6 个过程才能成为待测样品。将野外采集的土样带回实验室内，拣出非土壤部分（如碎石、动植物残体等），置于干净的白纸、牛皮纸等上摊开，要注意保持地面或周围环境洁净、通风，切忌暴晒，以防土壤受污染。

阴干过程中要适当翻动土壤，当土壤半干时要将较大土块（尤其是黏土容易结块）碾碎，继续风干，并拣去剩余的杂质。若取回的土壤样品太多，可将阴干的土壤样品混匀，摊成薄厚一致的圆形，用“四分法”随机选择一部分待测。

阴干的土壤需要经过研磨、过筛才能用于养分分析。研磨可在口径较大的研钵内进行，然后过筛。过筛时要根据研究目的选用一定目数规格的土壤筛。土壤筛的目数是指在 1 平方英寸面积（25.4 mm×25.4 mm）筛网上的孔数，目数越大，孔径越小，孔数越多，筛出的土壤越细。通常，测定土壤氮、磷、钾的元素指标时选用 60 目（0.25 mm 筛孔）土壤筛过筛，土壤有机质的测定选择 100 目土壤筛（0.15 mm）过筛。将过筛后的土壤样品充分混匀，装入自封袋或有磨塞的广口瓶，贴上标签并注明采样信息。所有样品处理完毕后，保存待用。保存土壤样品时应避免阳光直射，防高温、防潮湿等，以免对土壤样品造成影响。

（2）养分的测定。目前，土壤常规养分（包括土壤有机质、全氮、速效氮、全磷、速效磷、全钾、速效钾等）的测定多采用全自动大型元素分析仪器进行，如意大利生产的 FLOWSYS 流动分析仪是多通道连续流动分析仪，在制备好土壤待测样品后进行检测。该仪器的检测过程由电脑控制，自动化程度高，操作过程简易，测量精度高、速度快，检测结果精确可靠，可广泛应用于水质监测、土壤溶液分析和食品分析等领域。该仪器测定参数多样，一次可测定多个样品。

四、数据采集与分析

（1）结合陕西省大剖面实习，在各实习点具有代表性的植物群落内选择样地，首先使用便携式土壤因子检测仪在样地内随机选择 3 个检测点进行土壤水分、温度、盐分、pH 和电导率的测定，然后在样地中心按照土壤剖面法进行剖面挖掘和土样采集，并及时将土样带回实验室进行处理，使用全自动元素分析仪进行土壤养分的测定。

（2）利用单因素方差分析，比较陕西省不同生态气候区土壤理化性质的差异。

五、思考题

（1）土壤取样和样品制备过程中应注意哪些事项？

（2）根据不同生态气候区土壤理化性质的测定结果，试分析讨论不同生态气候区土壤理化性质差异的成因及其对植被的影响。

第三章 生物对生态因子的响应与适应

实验七 温度胁迫的生理生态效应

一、实验目的

温度是影响植物分布和生长的主要生态因子。事实上,温度影响植物体内的所有代谢过程,如酶促反应、膜运输、蒸腾以及化合物的挥发等过程均受温度的影响。了解温度胁迫对植物体内的一系列生理生态指标的影响,以及植物对温度胁迫的响应及适应机制,对于理解植物的生长发育及其分布等具有重要意义。

基于此,本实验通过人为设置温度胁迫环境进行植物培养,通过测量叶片色素含量、光合作用、抗氧化酶系统以及内源激素含量等相关指标,揭示温度胁迫对植物的生理生态影响以及植物对温度胁迫的响应方式,以便于学生理解温度因子和生物之间的相互作用机制。

二、实验方案

指标一 叶绿体色素含量

(一)实验原理

在高温或低温胁迫条件下,植物的叶绿素结构受到破坏,叶绿素降解,导致叶绿素含量降低。类胡萝卜素的结构相对来说较叶绿素稳定,且在温度胁迫时其含量可能提高以发挥保护作用。

（二）实验材料、设备及试剂

1.实验材料

小麦种子。

2.实验设备

恒温箱、光照培养箱、分光光度计。

3.实验试剂

10%次氯酸钠、80%丙酮、石英砂、碳酸钙、Hoagland 营养液。

（三）实验方法与步骤

1.种子的预处理

挑选籽粒大小相当的小麦种子 120 粒，先用 10%次氯酸钠消毒 10 min，再用蒸馏水冲洗干净，然后将种子浸泡 1~2 h。

2.培养皿的准备

于培养皿中分别加入纯水，每个培养皿底部平铺两层滤纸。6 个培养皿平行处理。

3.幼苗的培养

预处理后的小麦种子等数量播种于上述培养皿中，置于恒温箱中 25 ℃培养 7 d，待萌发一致后，在培养皿中加入 Hoagland 营养液，并将培养皿随机分成 3 组，分别置于不同温度条件（0~4 ℃、室温、35~40 ℃）的光照培养箱中培养。培养至 5 叶期后进行相关指标的测定。

4.叶绿体色素的提取

（1）称取叶片 1 g，洗净，擦干，去掉中脉后剪碎，放入干燥预冷的研钵中，其中加少量石英砂、碳酸钙粉及 2~3 mL 80%丙酮，研磨成匀浆，再加 5 mL 80%丙酮继续研磨。

（2）将研磨液全部转移到 25 mL 棕色容量瓶中，用少量 80%丙酮冲洗研钵、研棒及残渣数次后连同残渣一起倒入容量瓶中。最后用 80%丙酮定容至 25 mL，摇匀。用滤纸过滤后取上清液备用。

5.叶绿体色素含量的测定

以 80%丙酮为空白实验组，分别在波长 663 nm、645 nm、652 nm 和 440 nm 下测定吸光度值。依据以下公式计算叶绿体色素含量：

叶绿素 a 含量：$C_a = 12.7D_{663} - 2.69D_{645}$

叶绿素 b 含量：$C_b = 22.9D_{645} - 4.68D_{663}$

将 C_a 与 C_b 相加即得叶绿素总量 C_t：$C_t = C_a + C_b = 20.2D_{645} + 8.02D_{663}$

由于叶绿素 a、b 在波长 652 nm 处的吸收峰相交，两者有相同的比吸收系数（均为 34.5），也可以在此波长下测定吸光度（D_{652}）而求出叶绿素 a、b 的总量：

$$C_t = C_a + C_b = D_{652} \times 1000/34.5$$

类胡萝卜素含量：$C_k = 4.7D_{440} - 0.27C_t$

6.单位鲜重的色素含量测定

将测得的数值代入公式，分别计算叶绿素 a、b、(a+b)和类胡萝卜素的浓度(mg/L)，并按下式计算组织中单位鲜重的各色素的含量：

色素在叶片中的含量(%)=[色素浓度(mg/L)×提取液总体积(L)×稀释倍数]×100%/样品质量(mg)

稀释倍数：若提取液未经稀释，则取 1。

7.数据分析

运用单因素方差分析方法来分析各处理组指标是否存在差异，以便了解温度胁迫对植物光合色素含量的影响。

指标二　光合作用

（一）实验原理

高温或低温胁迫都会通过影响叶绿体膜及其类囊体膜的液晶态，进而影响膜的选择透过性及膜上物质的排布，从而影响叶绿体的结构及功能，例如位于类囊体膜上的光反应系统等。因此，在温度胁迫条件下，植物的光合往往明显受到抑制。

（二）实验材料、设备

1.实验材料

小麦种子。

2.实验设备

恒温箱、光照培养箱、便携式光合仪。

3.实验试剂

10%次氯酸钠、Hoagland 营养液。

（三）实验方法与步骤

1.种子的预处理

同指标一。

2.培养皿的准备

同指标一。

3.幼苗的培养

同指标一。

4.光合气体交换指标测定

在各实验组中选取 3 株植物进行光合气体交换指标测定,用便携式光合仪测定各株植物的光合速率、胞间二氧化碳浓度、气孔导度、蒸腾速率。

5.数据分析

用单因素方差分析方法比较各处理组指标是否存在差异,以了解温度胁迫对植物光合作用气体交换过程的影响。

指标三 抗氧化酶系统

(一)实验原理

在温度胁迫条件下,植物体内活性氧的产生和清除系统的平衡被破坏,自由基增加,引发和加剧膜脂过氧化。植物体内的活性氧清除系统是多样的,其中超氧化物歧化酶(SOD)是植物清除活性氧的第一道防线,处于核心地位,其主要功能是清除 O_2^-,生成 H_2O_2,H_2O_2又可以被过氧化氢酶(CAT)和过氧化物酶(POD)转化成 O_2 和 H_2O。

SOD 活性测定原理:氮蓝四唑(NBT)在甲硫氨酸和核黄素存在条件下,照光后发生光化还原反应而生成蓝色甲腙,蓝色甲腙在波长 560 nm 处有最大光吸收。而 SOD 能抑制 NBT 的光化还原,其抑制强度与酶活性在一定范围内成正比。

CAT 活性测定方法:CAT 将 H_2O_2分解为 O_2和 H_2O,可以通过测定 H_2O_2的减少量来测定其活性。

POD 活性测定原理:在 H_2O_2存在条件下,POD 能使愈创木酚氧化,生成茶褐色的 4-邻甲氧基苯酚。因此可通过用分光光度计测定生成物的含量来测定 POD 活性。

(二)实验材料、设备及试剂

1.实验材料

小麦种子。

2.实验设备

恒温箱、光照培养箱、冷冻离心机、分光光度计。

3.实验试剂

(1)50 mmol/L pH=7.8 的磷酸缓冲液(PBS)(含 0.1 mmol/L 的 EDTA)。

(2)130 mmol/L 甲硫氨酸(Met)溶液:称 1.399 g 甲硫氨酸,用 50 mmol/L pH=7.8 的 PBS 溶解定容至 100 mL(现配现用)。

(3)0.75 mmol/L 氯化硝基四氮唑蓝(NBT)溶液:称 0.061 33 g NBT,用50 mmol/L pH=7.8 的 PBS 溶解定容至 100 mL(现配现用)。

(4)0.1 mmol/L 核黄素溶液:称 0.007 5 mg 核黄素,用 PBS 溶解定容至 100 mL(避光保存)。现用现配,并稀释 5 倍。

(5)POD 反应混合液:0.95 mL 0.2%愈创木酚、1 mL 0.3% H_2O_2 溶液、1 mL PBS。

(三)实验方法与步骤

1.种子的预处理

同指标一。

2.培养皿的准备

同指标一。

3.幼苗的培养

同指标一。

4.酶液的提取

将 0.5 g 小麦叶片剪细后置于预冻的研钵中,其中加入 2 mL 预冷的50 mmol/L pH=7.8 的 PBS 及少量石英砂,研磨成匀浆,再加入 2 mL 缓冲液,继续研磨均匀,将匀浆液倒入离心管中置于低温(0~4 ℃)下、10 000×g 离心 20 min,所得上清液即为酶液,收集上清液,低温下贮存,供 SOD、CAT、POD 活性测定。

5.SOD 活性测定

取上清液,按表 3-1 加入试剂,摇匀后,给 4 号对照试管避光,与其他各试管同时置于 28 ℃、4 000 Lux 日光灯下反应 10 min。结束后,以 4 号试管为空白调零,测量各管在波长 560 nm 下的吸光度。

表 3-1 SOD 活性测定时各试管加入试剂明细

试剂/mL	1 号	2 号	3 号	4 号	5 号	6 号	7 号
50 mmol/L PBS 溶液	1.5	1.5	1.5	1.5	1.5	1.5	1.5
130 mmol/L Met 溶液	0.3	0.3	0.3	0.3	0.3	0.3	0.3
0.1 mmol/L EDTA 溶液	0.3	0.3	0.3	0.3	0.3	0.3	0.3
0.75 mmol/L NBT 溶液	0.3	0.3	0.3	0.3	0.3	0.3	0.3
0.1 mmol/L 核黄素	0.3	0.3	0.3	0.3	0.3	0.3	0.3
粗酶液	0.1	0.1	0.1	0	0	0	0
蒸馏水	0.2	0.2	0.2	0.3	0.3	0.3	0.3

按照下式计算 SOD 活性：

$$\text{SOD 活性}(\text{U h}^{-1}\text{g }FW^{-1}\text{ h}^{-1})=\frac{(A_0-A_S)\times V\times 60}{A_0\times 0.5\times FW\times a\times t}\text{。}$$

其中，U 为酶活性单位，以抑制 NBT 光化还原的 50% 为一个酶活性单位；A_0为照光对照管的光吸收值；A_S为样品管的光吸收值；V 为样液总体积(mL)；FW 为叶子质量(g)；a 为测定时样品用量(mL)；t 为光照时间(min)。

6.POD 活性测定

取直径 1 cm 的比色皿 2 个，向其中之一加入酶提取液 0. 05 mL，再加入反应混合液 2. 95 mL，立即开启秒表记录时间。再向另一比色皿中加入 50 mmol/L 磷酸缓冲液(pH=7. 8)作为对照组。测定波长 470 nm 处的吸光值(*OD*)的降低速度。将每分钟 *OD* 减少 0.01 定义为 1 个活力单位。按照下式计算 POD 活性：

$$\text{POD 活性}(\text{U min}^{-1}\text{g}^{-1}FW)=\frac{\Delta A470\times V_t}{FW\times t\times 0.01\times V_s}\text{。}$$

其中，V_t 为提取酶液总体积(mL)；V_s为测定时所用酶液总体积；FW 为样品鲜质量(g)；t 为从加入 H_2O_2 开始到最后一次读数的时间(min)；0.01 为 $\Delta A470$ 下降 0.01 的 1 个酶活性单位(U)。

7.CAT 活性测定

在 3 mL 反应体系中，包括 0.3% H_2O_2 1 mL，PBS 1.9 mL，最后加入 0.1 mL 酶液，启动反应，测定 240 nm 波长处的吸光值降低速度。将每分钟 OD 减少 0.01 定义为 1 个活力单位。按照下式计算 CAT 活性：

$$\text{CAT 活性}(\text{U min}^{-1}\text{g}^{-1}\ FW)=\frac{\Delta A240\times V_t}{FW\times t\times 0.01\times V_s}\text{。}$$

其中，V_t 为提取酶液总体积(mL)；V_s 为测定时所用酶液总体积；FW 为样品鲜质量(g)；t 为从加入 H_2O_2 开始到最后一次读数的时间(min)；0.01 为 $\Delta A240$ 下降 0.01 的 1 个酶活性单位(U)。

8.数据分析

用单因素方差分析方法比较各处理组指标是否存在差异，以了解温度胁迫对植物抗氧化酶系统活性的影响。

指标四　内源激素

(一)实验原理

植物体内多种内源激素对逆境做出响应，例如，脱落酸(ABA)就被称作“逆境激素”。

（二）实验材料、设备及试剂

1.实验材料

小麦种子。

2.实验设备

恒温箱、光照培养箱、旋转蒸发仪、高效液相色谱仪。

3.实验试剂

80%甲醇，0.2 mol/L Na_2HPO_4溶液，石油醚，0.2 mol/L 柠檬酸溶液，乙酸乙酯，95%乙醇，15%色谱纯甲醇，30%色谱纯甲醇，0.05 mol/L pH=7.0 的磷酸缓冲液，超纯水，生长素（IAA）、赤霉素（GA3）、脱落酸（ABA）及茉莉酸（JA）标样。

（三）实验方法与步骤

1.幼苗的预处理

同指标一。

2.培养皿的准备

同指标一。

3.幼苗的培养

同指标一。

4.植物内源激素的提取

取约 1 g 小麦叶片在预冷的研钵中迅速研磨成匀浆，用 4 ℃预冷的 80%甲醇于 4 ℃冰浴条件下提取 10 h，在转速 8 000 r/min 下离心 20 min，残渣再提取一次，40 ℃下旋转减压蒸发至水相，用 0.2 mol/L Na_2HPO_4调整 pH 至 8.0，用等体积石油醚萃取 2 次，至上层近无色后弃去上层液。40 ℃下旋转减压蒸发除去残留的石油醚，用 0.2 mol/L柠檬酸调至 pH=2.8，用相同体积的乙酸乙酯萃取 3 次，取上层液在 40 ℃下旋转减压蒸发至干，用 1 mL 95%乙醇溶解残留物，倒入离心管密封，于-20 ℃下冻藏备用。

5.激素含量的测定

用高效液相色谱系统（HighPerformance Liquid Chromatography，HPLC）测定内源激素含量。经 200~300 nm 全波长扫描，分别在波长 280 nm、240 nm、210 nm 下检测 IAA（280 nm）、GA3（240 nm）、ABA（240 nm）及 JA（210 nm），取波长 210 nm 显示检测灵敏度为 0~0.5 AUFS。用 15%-30%-15%色谱纯甲醇与 0.05 mol/L pH=7.0 的磷酸缓冲液混合梯度洗脱，以超纯水制备，超声脱气 30 s，流速 0.8 mL/min。样品经

8 000 r/min离心后取上清液进样,进样量为 10 μL,重复 3 次。样品内源生长物质含量以内标法进行定性,用外标法峰面积进行定量。用 95%乙醇为标样溶剂配制 IAA、GA3、ABA 及 JA 的标样。

6.数据分析

用单因素方差方法分析比较各处理组指标是否存在差异,以了解温度胁迫对植物内源激素的影响。

三、思考题

(1)你认为耐高温和耐低温的植物应该具备什么样的生理生态特征?

(2)为什么说每种物种对温度变化都有一定的适应范围?

实验八　盐胁迫的生态效应

一、实验目的

盐分是影响植物生长发育及分布的重要环境因素。在低盐胁迫下,大多数植物都有一定的适应能力,甚至有的植物在一定盐胁迫下能生存得更好。一定的盐浓度促进植物发育,但当盐浓度过高时,植物体内很多重要的代谢过程便受到抑制。了解在不同程度盐胁迫下植物的生理生态学响应方式,有助于我们更好地理解盐胁迫对植物的影响以及植物的胁迫适应性。

基于此,本实验通过人为设置盐分胁迫梯度进行植物培养,通过测量植物功能性状特征和繁殖分配特征等相关指标,揭示盐分胁迫对植物的功能性状和繁殖分配的影响以及植物对盐分胁迫的响应方式,帮助学生理解盐分胁迫下生物和环境的相互作用机制。

二、实验方案

指标一　功能性状

(一)实验原理

在逆境下,植物的许多功能性状会发生变化以响应胁迫环境。在盐分胁迫下,由于植物的水分可利用性受到影响,植物会改变性状以适应盐分胁迫环境,例如,高盐胁迫环境中的植物叶片往往变得小而厚以减少水分蒸发,同时增加根系生物量投入,增加根冠比,提高水分吸收能力。

(二)实验材料、设备及试剂

1.实验材料

小麦种子。

2.实验设备

恒温箱、烘箱、叶面积仪、便携式光合仪。

3.实验试剂

10%次氯酸钠,Hoagland 营养液,浓度为 10 mg/L、30 mg/L、90 mg/L、270 mg/L 的 Na_2CO_3溶液,或 10 mg/L、30 mg/L、90 mg/L、270 mg/L 的 NaCl 溶液。

(三)实验方法与步骤

1.种子的预处理

挑选籽粒大小相当的小麦种子 200 粒,先用 10%次氯酸钠消毒 10 min,再用蒸馏水冲洗干净,然后将种子浸泡 1~2 h。

2.培养皿的准备

准备 10 个规格一致的培养皿,每个培养皿底部平铺两层蒸馏水浸湿的滤纸。

3.幼苗的培养

将预处理后的种子等数量播种于上述培养皿中,在恒温箱中 25 ℃培养 7 d 至萌发一致。然后在培养皿中分别加入 Hoagland 营养液,再将培养皿随机分成 5 组,每组 2 个,分别加入相应浓度的 Na_2CO_3:0 mg/L、10 mg/L、30 mg/L、90 mg/L、270 mg/L,或 NaCl:0 mg/L、10 mg/L、30 mg/L、90 mg/L、270 mg/L,并将培养皿置于自然光下培养。培养至 5 叶期后测定以下性状。

4.指标测定

(1)叶面积:用叶面积仪测量各实验组中小麦苗的叶面积。

(2)根冠比:将植株分为地上和地下部分,置于 80 ℃烘箱烘干 48 h 至恒重。分别称量地上及地下部分干重,计算根冠比。

(3)比叶面积:叶面积/叶片干重。

(4)比根长:根长/根干重。

(5)总生物量:地上及地下部分干重之和即为总生物量。

(6)光合气体交换指标:用便携式光合仪测定各个实验组光合速率、气孔导度、胞间二氧化碳浓度以及蒸腾速率。

5.数据分析

用单因素方差分析方法比较各处理组指标是否存在差异，明确不同浓度盐胁迫对植物功能性状的影响。

指标二　繁殖分配

（一）实验原理

在不同的环境压力下，植物的生长发育过程会采用不同的繁殖分配格局，这种分配格局的变化对于植物能否对其生长环境达到最大适合度具有重要作用。因此，研究植物在不同环境下的繁殖分配比率对于理解植物的适应机制是非常必要的。盐胁迫环境中，植物主要将资源用于生存或营养生长，向繁殖分配的投资明显减少，因此往往形成较少的种子数量以及较低的单粒重，这明显影响了其在盐胁迫环境中的适合度。

（二）实验材料、设备及试剂

1.实验材料

拟南芥种子。

2.实验设备

光照培养箱、烘箱、电子天平。

3.实验试剂

10%次氯酸钠，Hoagland 营养液，浓度为 10 mg/L、30 mg/L、90 mg/L、270 mg/L 的 Na_2CO_3溶液，或浓度为 10 mg/L、30 mg/L、90 mg/L、270 mg/L的 NaCl 溶液。

（三）实验方法与步骤

1.种子的预处理

将 200 粒拟南芥种子先用 10%次氯酸钠消毒 10 min，再用蒸馏水冲洗干净。

2.培养皿的准备

于 10 个培养皿中分别加入 Hoagland 营养液，每个培养皿底部平铺两片滤纸。然后随机将培养皿分成 5 组，分别加入相应浓度的 Na_2CO_3：0 mg/L、10 mg/L、30 mg/L、90 mg/L、270 mg/L，或相应浓度的 NaCl：0 mg/L、10 mg/L、30 mg/L、90 mg/L、270 mg/L。

3.幼苗的培养

将预处理后的种子等数量播种于上述培养皿中，于光照培养箱中培养，6 周后测定以下指标。

4.指标测定

(1)总生物量:收取各处理组中每株拟南芥置于 80 ℃烘箱中 48 h 烘干至恒重,在电子天平上测量每株的干重。

(2)种子数量及总质量:统计各处理组每株拟南芥的种子数量及总质量。

(3)单粒质量:每组中随机取 100 粒种子,在 60 ℃烘箱中烘干至恒重,测定并计算单粒质量。

(4)繁殖分配 $=\frac{\text{种子总质量}}{\text{植株总生物量}}$。

5.数据分析

用单因素方差分析方法比较各处理组以上指标是否存在差异,明确不同浓度盐胁迫对植物繁殖分配的影响。

三、思考题

(1)你认为耐盐植物应该具备什么样的功能性状和繁殖分配特征?

(2)为什么说耐盐植物和耐旱植物有相似的生理生态特征?

实验九　溶解氧的生物学效应

一、实验目的

由于季节变动、浮游生物爆发或各种理化因子变化等原因,水体经常会处于溶解氧不足的状态。当溶解氧含量降低到 4 mg/L 以下时,一些鱼类和甲壳类会避开低氧区域,被迫改变栖息地。因此,水生动物对水体溶解氧变化的探测及其对低溶氧水体的逃避行为是它们在溶解氧变动水体中主要的适应行为。

基于此,本实验选择对水体溶解氧敏感的中国明对虾为对象,通过设置溶解氧梯度观察中国明对虾对水体中溶氧量变化的适应行为,帮助学生理解水体中生物和氧环境的相互作用。

二、实验原理

中国明对虾(*Fenneropenaeus chineins*)属十足目,对虾总科,对虾科,对虾属。主要分布于我国的黄海及渤海海区,是我国对虾的主要养殖品种之一。中国明对虾对水体中的溶氧量非常敏感,属于有限的溶解氧调节型,对低氧的耐受能力及行为与代谢反应是中国明对虾适应水体溶解氧变动的重要对策。对于水体中溶氧量的变化，中国明对虾能探测到低氧区域的存在，完全避开溶解氧含量低于 2 mg/L 的区域，并很少进入溶解氧含量为 2～2.5 mg/L 的区域，其临界溶解氧含量在 4 mg/L 左右(韦柳枝，2010)。

三、实验材料、设备及试剂

1.实验材料

中国明对虾。

2.实验设备

玻璃水槽(实验在 155 cm×30 cm×30 cm 的玻璃水槽中进行，实验时水深为 20 cm。玻璃水槽四周用高 20 cm 的白色塑料板包围，并以 5 cm 为 1 格将水槽划分为 31 格，用以记录实验中虾所处的位置)、溶氧仪。

3.实验试剂

氮气。

四、实验方法与步骤

(1)将中国明对虾在水槽中驯化 10 d，在驯化期间每天早上和傍晚过量投饵两次，投饵 1 h 后清除残饵和粪便。

(2)水槽两端充空气，使水槽内各区域溶解氧含量为 6.18±0.1 mg/L，将 1 批实验虾(5 尾)放入水槽内，待其适应 1 h 后，每 5 min 记录一次各格内实验虾尾数，实验虾位置以头胸甲大部所在格为准，记录时每次每格观察到 1 尾实验虾计 1 频次，持续记录 6 次作为对照实验数据。接着在水槽一端充入 N_2，另一端充入空气，使水槽形成溶氧梯度，30 min 后每 5 min 记录一次各格内实验虾尾数，持续记录 6 次作为逃避实验数据。每 10 min 用溶氧仪测定溶解氧含量 1 次，测定位置为第 3、8、13、18、23、28 格。以上对照和逃避实验取 8 批共 40 尾实验虾进行观察。

(3)数据分析。

对照实验：将实验水槽按每区域 3 格划分为 10 个区域(最后一个区域 4 格)，分别对每批实验虾在各区域出现的频次进行累加，并除以总频次(5 尾/批×6 次)，得到各区域观察到的实验虾频次比例。

逃避实验：根据溶解氧含量实测值拟合模型计算出 31 格的溶解氧含量，将实验水槽按溶解氧含量(mg/L)<2、2～2.5、2.6～3、3.1～3.5、3.6～4、4.1～4.5、4.6～5、5.1～5.5 和>5.51 划分为 9 个区，分别对每批实验虾在各区域出现的频次进行累加，并除以总频次(5 尾/批×6 次)，得到各区域观察到的实验虾频次比例。

结合对照及逃避实验结果分析明对虾对水体溶解氧变动的行为调节方式。

五、思考题

(1) 为什么水域生态系统的生产力和生物多样性明显低于陆地生态系统?

(2) 为什么低温环境比高温环境更适合中国明对虾的生存?

第四章　种群生态学

实验十　种群生命表与存活曲线

一、实验目的

学习种群生命表与存活曲线的概念及意义;掌握种群生命表的编制方法,并能够基于生命表和存活曲线分析种群在其生活史中存活率、死亡率的发生特征和变化规律。

二、实验原理

生命表(life table)是描述种群存活和死亡过程的一种统计表格,记录了生物发育的不同年龄阶段的出生率和死亡率,以及由此计算出的种群生命期望值等特征值。

生命表分为动态生命表和静态生命表两种类型。静态生命表(static life table)是根据某一特定时间对种群做一个年龄结构调查,并根据调查结果而编制的生命表。常用于有世代重叠,且生命周期较长的生物;动态生命表(dynamic life cycle)就是跟踪观察同一时间出生的生物的死亡或动态过程而获得的数据所做的生命表,可用于世代不重叠的生物(如一化性昆虫)。在记录种群各年龄或各发育阶段死亡数量、死亡原因和生殖力的同时,还可以查明和记录死亡原因,从而可以分析种群发展的薄弱环节,找出造成种群数量下降的关键因素,并根据死亡和出生的数据估计下一世代种群的消长趋势。表 4-1 为某种群的生命表。

表 4-1 某种群的生命表

x	n_x	d_x	l_x	q_x	L_x	T_x	e_x
1	1 000	550	1.00	0.550	725	1 210	1.21
2	450	250	0.45	0.556	325	485	1.08
3	200	150	0.20	0750	125	160	0.80
4	50	40	0.05	0.800	30	35	0.70
5	10	10	0.01	1.000	5	5	0.50
6	0	—	0.00	—	—	—	—

表中各特征参数含义为：x 代表年龄组／发育阶段；n_x 代表在 x 期开始时的存活个体数(原始数据)；d_x 代表从 x 到 $x+1$ 期的死亡个体数；l_x 代表 x 期开始时的存活分数($x=n_x/n_0$)；q_x 代表从 x 到 $x+1$ 期的死亡率($q_x=d_x/n_x$)；L_x 代表本年龄组全部个体在此期间存活时间之和，即 $L_x=(n_x+n_{x+1})/2$；T_x 代表本年龄组全部个体的剩余寿命之和，其值等于将生命表中的各个 L_x 值自下而上的累加值，即$T_x=\sum L_x$；e_x 代表本年龄组开始时存活个体的平均生命期望，即$e_x=T_x/n_x$。

以生命表中存活数的对数 $\lg l_x$ 为纵轴，年龄组或发育阶段 x 为横轴，绘制的曲线称为种群的存活曲线(survivorship curve)，用以直观表达种群不同阶段存活率的变化过程。Deevey(1947)将种群存活曲线分为 3 个类型(图 4-1)，即凸型(Ⅰ型)，绝大多数个体都能活到生理年龄，早期死亡率极低，但一旦达到一定生理年龄时，短期内几乎全部死亡，如人类、盘羊和一些其他哺乳动物等；对角线型(Ⅱ型)，曲线呈对角线，各年龄的死亡率是相等的，如水螅、小型哺乳动物、鸟类等；凹型(Ⅲ型)，曲线呈凹形，生命早期有极高的死亡率，但是一旦活到某一年龄，死亡率就变得很低而且稳定，如鱼类、很多无脊椎动物等。

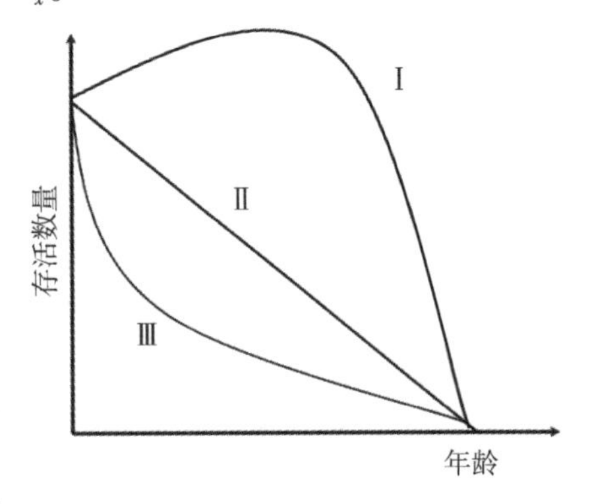

图 4-1 种群存活曲线的 3 种类型

三、实验材料

调查或利用已有某种群的存活数据资料，如表 4-2 为某地区斑羚各年龄段的存活数据。

表 4-2　某地斑羚的年龄结构调查表

x	n_x	l_x	d_x	q_x	L_x	T_x	e_x
0~1	100						
1~2	94						
2~3	88						
3~4	86						
4~5	80						
5~6	73						
6~7	41						
7~8	24						
8~9	13						
9~10	9						
10~11	6						
11~12	3						
12~13	0						

四、实验方法与步骤

(1)划分年龄阶段:根据研究物种的生活史特征划分年龄组(如人通常为5年,羊等动物为1年,昆虫以个体发育特征如龄期划分年龄组)。

(2)调查各年龄段开始时的个体存活数,详细记录生命表的原始数据 n_x。

(3)依据原始数据 n_x 计算并填写生命表的各项特征值,完成表 4-2。

(4)以存活数(log10)或存活率为纵坐标,以年龄为横坐标绘制物种存活曲线图。

五、数据分析

(1)根据表 4-1 编制斑羚种群生命表并绘制种群生存曲线图。

(2)根据斑羚种群生命表分析种群生命力最强和最弱的时期是什么年龄阶段,其存活曲线更接近哪一类型。

六、思考题

(1)编制种群生命表时,需要通过野外调查或者室内实验获取哪些基本数据?

(2)不同类型的存活曲线反映了生物的什么生活史策略? 不同存活曲线对应的生物更可能生活在何种生境下?

实验十一　种群分布格局调查与分析

一、实验目的

掌握调查和分析种群空间分布格局的方法和原理，理解种群空间分布格局的形成与种群生物和非生物环境之间的关系。

二、实验原理

1.种群分布格局的一般概述

种群的空间分布格局（spatial distribution pattern）是指种群个体在一定空间中的空间配置状态或个体扩散分布形式，也称内分布型（internal distribution pattern）。自然条件下，种群空间分布格局是种群生物学特征、种内种间关系及环境条件综合作用的结果。

种群空间分布格局一般有3种类型（图4-2），即随机型（random distribution）、集群（聚集）型（clumped or aggregated distribution）、均匀型（regular distribution）。在自然条件下，由于生物的分布强烈依赖于资源环境状况，而大范围内环境资源都呈现明显的异质性，所以随机分布格局和均匀分布格局的情况并不多见，而集群分布格局的情况较为常见。当然除了资源环境的斑块性外，植物种群的扩散限制（植物受种子扩散距离的限制围绕母树生长）、动物种群的社会行为等都会使种群多呈现集群分布。所以，集群分布是所有分布类型中最广泛存在的一种分布格局。当然，从分布格局的概念可以看出，种群分布格局的判定和划分具有强烈的尺度依赖性，同一种群在不同尺度下可能呈现不同的分布格局，例如大尺度呈现集群分布的种群，随着尺度的减小，尤其当尺度小于其集群斑块时，可能表现为随机或者近均匀分布。

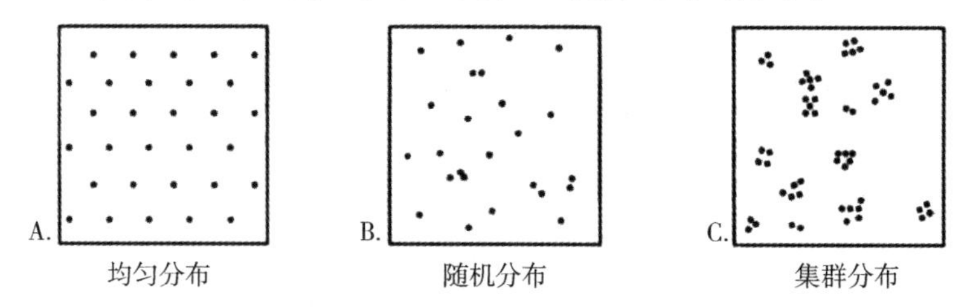

图4-2　种群空间分布的3种格局

2.种群分布格局的判定和检验

在种群分布格局的判定方法中,最为常用且较为简便的方法是分布系数法(或称聚集指数和扩散系数)。分布系数=方差/平均值,即$C_x=S^2/\bar{x}$。该方法假设物种服从随机分布,对应的概率分布为泊松分布(poisson distribution),根据泊松分布中方差等于均值的性质(即$S^2/\bar{x}=1$),统计和检验种群的空间分布格局。其中:

$$\bar{x}=\frac{\sum x_i}{n},S^2=\frac{\sum(x_i-\bar{x})^2}{n-1}。$$

式中,x是第i个样方中某物种的个体数;$\bar{x}$是所有样方中该物种个体数的平均值;S^2是所有样方中该物种个体数的方差;n是样方总数。

判断种群空间格局的依据是:若统计学上$C_x=0$,则种群为均匀分布;若$C_x=1$,则种群为随机分布;若$C_x>1$,则种群为集群分布。在统计学上,采用t检验来确定C_x的实测值与理论预测值1是否有显著差异。t检验的计算式为:

$$t=\frac{C_x-1}{S}。$$

式中,S为标准误,$S=\sqrt{\frac{2}{n-1}}$;n为样方总数。

根据对应的自由度$df(n-1)$和显著水平a下的$t_{0.05(df)}$值,与计算所得t值进行比较,若$t<t_{0.05(df)}$,表示C_x的实测值与理论预测值1差异不显著,可认为符合随机分布;若$t>t_{0.05(df)}$,表示C_x的实测值与理论预测值1差异显著,不属于随机分布,再根据C_x的大小判断其具体的分布类型。

三、实验材料与设备

测绳、计算器、GPS、罗盘仪、记录表格、铅笔、橡皮。

四、实验方法与步骤

(1)在黄土高原或者毛乌素沙地选择草本植物群落或者灌丛群落随机调查10个样方,草本群落样方面积为1 m×1 m,灌丛群落样方面积为2 m×2 m,记录样地内的物种组成及多度,以及样地的地理位置、地形地貌、干扰特征等基本信息。

(2)根据种群分布格局的判定方法计算样方中各物种个体数的$\bar{x}$、S^2、C_x等分布格局参数。

(3)利用统计软件,对不同物种的C_x值进行t检验,确定群落内不同物种的空间分布格局类型。

五、思考题

(1)比较不同物种空间分布格局的异同,分析不同格局产生的原因。

(2)根据实验结果,试分析本种群空间格局分析方法的优缺点。

实验十二　植物种内竞争

一、实验目的

通过观察不同种植密度下,植物种群的个体数量、个体大小、生物量等变化趋势,学习设计和利用实验来研究种内竞争的一般步骤和方法;验证和理解-3/2 自疏法则和最终产量恒定法则。

二、实验原理

种内竞争(intraspecific competition)是个体之间通过负反馈方式进行的个体大小与存活密度的调节,从而使种群数量围绕着某个平均值变化。竞争有两种作用方式,一是利用性竞争,即通过损耗有限的资源发生竞争,而个体不直接相互作用,如大多数植物的种内竞争;另一种是干扰性竞争,即通过竞争个体间直接的相互作用开展竞争,如动物为竞争领地或食物进行的打斗。

对于植物种群而言,其种内竞争主要表现是当种群数量过密时,个体对有限资源(如空间、光照、营养物质等)的竞争将十分激烈,每个个体的生物潜能的发挥受到严重影响,结果使部分个体死亡或身体变小,最终减少种群内个体的数量和质量。这种密度效应不仅影响植物生长发育的速度,而且影响到种群个体的存活率,出现所谓的“自疏现象”(self-thining)。Yoda 等(1963)提出“-3/2 自疏法则”,该法则认为自疏导致密度与生物个体大小之间存在固定的关系,该关系在双对数图上具有典型的-3/2斜率。表达式如下:

$$\bar{w} = C\, d^{-3/2}。$$

式中,$\bar{w}$ 表示存留植株的平均干重;C 为与所研究植物生长特性相关的常数;d 为存留植株的密度。两边取对数,可得到直线:$\lg\bar{w} = \lg C - 1.5\lg d$,直线(即自疏线)的斜率为-3/2。但后来的研究表明,从红杉(*Sequoia*)到浮萍(*Lemna*)的大量植物种群,其物种个体平均干重的对数值与最大种群密度对数值的回归直线的斜率更接近-4/3(Enquist et al., 1998; Silvertown, Charlesworh, 2003)。

除以上的自疏法则外,植物种群的密度效应还表现为“最终产量恒定法则” (law

of constant final yield)。在实际生活中，人们早知道，植物种植密度超过一定数值时，植物最终产量将保持不变，这就是所谓的“最终产量恒定法则”。该法则认为：在相同的生境条件下，不论最初的密度大小如何，经过充分时间的生长，单位面积的同龄植物种群的生物量是恒定的。当然，最终产量恒定法则对叶层尚未郁闭的低密度或不进行自然稀疏而引起共同死亡的极端的高密度，或对生长在极端不利的生境条件下的植物种群往往不成立。另外，所谓生物量是对整个植物体而言，而对于植物的特定部分一般不成立。

三、实验材料与设备

1.实验材料

小麦种子、土壤及肥料。

2.实验设备

干燥箱、天平、花盆、标签、铅笔、剪刀。

四、实验方法与步骤

1.播种

准备18个大小一致的花盆，将土壤与肥料充分拌匀后分别装入花盆中。平整花盆土面，使土面低于盆口约3 cm。将花盆浇透水，待2~3 d土壤干湿适中后进行播种。每个花盆种植150粒种子，尽量使种子均匀分布。定时定量用喷壶浇水(时间间隔因实验场所而定，一般每隔2 d浇水1次)。

2.分组与密度梯度设置

观察种子萌发状态，待种子全部成苗且稳定后(不再有新的幼苗出现)，将18个花盆分为6组，每组3个重复，然后将6组花盆分别人工间苗成20株、40株、60株、80株、100株和120株的密度梯度。每个花盆贴上标签，标注组号及重复号。定时定量用喷壶浇水并观察幼苗生长、死亡状况。

3.测定植株干重

待植株生长一定时间后(大约15周左右)，将各组花盆内的植株连根收获，清洗后装入纸袋，并用铅笔标明组号及重复号。将所有纸袋放入65 ℃干燥箱中烘至恒重(约12 h左右)。从烘箱中取出纸袋称重并记录，然后倒出植物样品称空袋重，从而计算出每盆植株的平均干重：$\bar{w}$=(纸袋和植物样品重-空纸袋重)/植株数。

4.数据分析

(1)以每组平均每株干重的对数值$\lg\bar{w}$对其密度的对数值$\lg d$作图，计算$\lg\bar{w}$对$\lg d$的回归系数。

(2)利用单因素方差分析比较不同组收获的生物量之间是否有显著差异。

五、思考题

(1)根据结果分析不同密度下的小麦盆栽实验是否符合自疏定理,自疏线的斜率更接近-3/2还是-4/3?

(2)根据结果分析小麦在不同栽培密度下的实验最终收获的产量是否恒定,如果不恒定,试分析其原因。

六、数据记录样表

表4-3 数据记录样表

分组	密度 d	个体平均干重 $\bar{w}$	$\lg d$	$\lg \bar{w}$
1				
2				
3				
4				
5				
6				

实验十三 胁迫条件下种间竞争平衡

一、实验目的

通过盆栽实验,观察种间竞争现象,理解资源利用性竞争的基本原理及环境因子对种间竞争的调控机理。

二、实验原理

种间竞争(interspecific competition)是具有相似要求的不同物种之间为争夺生活空间、资源、食物等而产生的一种直接或间接抑制对方的现象。在种间竞争中常常是一方取得优势而另一方受抑制甚至被消灭。种间竞争的能力取决于种的生态习性、生活型和生态幅度等,具有相似生态习性的植物种群在资源的需求和获取资源的手段上竞争都十分激烈,尤其是密度大的种群更是如此。

高斯假说，又称竞争排斥原理（competitive exclusion principle），认为在一定的稳定环境内，两个具有相似资源利用方式的种不能长期共存，除非环境改变了竞争的平衡，或者两个物种发生生态分离，否则将会导致一个物种完全取代另一个物种的现象。但当环境发生改变，比如在干扰或者胁迫环境下，由于不同物种对胁迫环境耐受性的差异，植物种间竞争强度会减弱，或者竞争关系发生反转。

对于植物，种间竞争的负效应主要体现在竞争种群的个体数量和质量两个方面。因此，如果将两种植物按不同比例混种，通过统计不同种植比例下的生长状况和产量，经对比分析，便可判断两个种的种间竞争强度及相对竞争强弱。

三、实验材料与设备

1.实验材料

大麦种子和燕麦种子、植培土壤。

2.实验设备

标签、铅笔、剪刀、纸袋、烘箱、天平、花盆等。

四、实验方法与步骤

1.种子的处理

首先将大麦种子和燕麦种子播种于实验田或者大的花盆中，待幼苗生长 20 d 时，将幼苗移植到直径为 20 cm 的花盆中。花盆提前盛好等量的植培土壤，土面低于盆口约 3 cm。种植密度为 30 株/盆，实验处理如下：

（1）两个种按 5 个比例进行混种（10：0；8：2；5：5；2：8；0：10）。

（2）每个种植比例给予 3 个盐胁迫水平的处理，即高盐胁迫（120 mmol/L 的盐溶液）、中盐胁迫（60 mmol/L 的盐溶液）和低盐胁迫（自来水）处理。

共有 3×5 个处理，重复 3 次，共计 45 个花盆，随机放置在温室的培养架上，花盆保持一定的间距以减少花盆之间植物的相互遮光。从移植后第 10 天开始盐处理，每周在每个花盆中等容积施入不同盐浓度的溶液 1 次。

2.指标测定

待幼苗生长 3 个月后，分盆分种统计分蘖数，然后分别置于烘箱中 65 ℃下烘干至恒重（约 12 h 左右），测量其干重。

3.数据分析

利用双因素方差分析，分别比较不同混种比例和不同胁迫水平下大麦和燕麦分蘖数和生物量的差异及混种比例与盐胁迫水平的交互作用。并基于统计结果，分析大麦和燕麦的竞争优劣及盐胁迫梯度对其种间竞争关系的影响。

五、思考题

(1)总结本实验过程中应该注意哪些事项。

(2)为什么胁迫环境会改变两个种的竞争关系?试分析其原因。

六、数据记录样表

表 4-4 不同混种比例下大麦和燕麦的分蘖数和生物量

		大麦与燕麦混种比例					S
		10∶0	8∶2	5∶5	2∶8	0∶10	
大麦	分蘖数						
	生物量						
燕麦	分蘖数						
	生物量						

表 4-5 不同胁迫水平下大麦和燕麦的分蘖数和生物量

		处理水平			S
		高盐胁迫	中盐胁迫	低盐胁迫	
大麦	分蘖数				
	生物量				
燕麦	分蘖数				
	生物量				

第五章　群落生态学

实验十四　植物群落抽样调查与群落分析

一、实验目的

通过植物群落抽样调查和群落结构分析,掌握野外植物群落调查的基本方法;认识实习地区植物群落的特征及分布规律;学会整理样方资料,分析群落的生活型谱、物种组成、物种多样性;学会对比不同群落的相似性,掌握种间关联分析的基本方法,以达到认识和识别群落的目的。

二、实验原理与背景

(一)植物群落抽样调查技术与方法

植物群落是指在一定地段内,具有一定的植物种类组成、外貌和空间结构,各种植物之间及植物与环境之间彼此影响、相互作用的植物群体组合单元。陆地生态系统中植物群落类型多样,各类型群落分布范围、分布模式各不相同。由于时间、空间和人力的限制,一般不可能对目的群落的全部分布范围进行全面的调查。所以,对植物群落的研究一般通过抽样调查的方法进行。抽样技术(sampling technics)是对于典型样本的选取和确定,包括样地的设置方法、范围大小、样本容量等,以准确估计研究对象的总体特征(朱志红和李金钢,2014)。根据研究目的、研究对象和群落类型的不同,抽样方法也不同,一般分为样地抽样和无样地抽样两种方法。

1.样地抽样法

植物群落的样地抽样法适用于所有植物类群,是研究植物群落数量特征的主要方法，由此方法所获得的群落组成和结构数据详细、可靠，可作为其他调查方法，如估算法、目测法精确程度的对照依据，是应用最为广泛的植物群落取样技术。

(1)样地面积。进行样地调查时，首先要确定样地的面积。样地的面积不应该小于群落的最小面积(表现面积)。在群落调查时，一般通过巢式样方法绘制物种数-面积曲线，确定最小取样面积或样地大小(图5-1)。不同群落类型的最小取样面积不同(表5-1)，一般来讲，群落的物种组成越丰富，结构越复杂，相应的最小面积就越大，取样面积也越大。

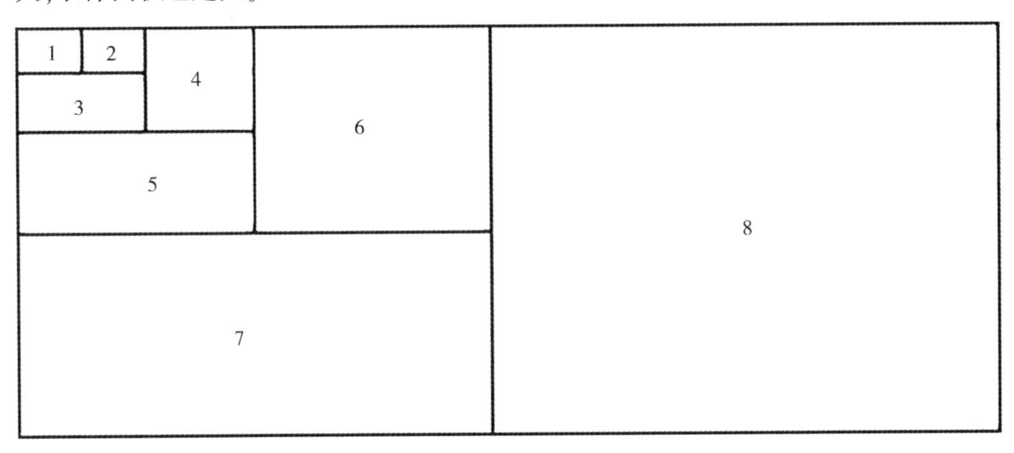

图5-1 巢式样方确定群落的最小面积示意图

表5-1 我国主要群落类型的最小取样面积

群落类型	面积/m^2
热带雨林	2 500~4 000
南亚热带森林	900~1 200
常绿阔叶林	400~800
温带落叶阔叶林	200~400
针阔混交林	200~400
东北针叶林	200~400
灌丛幼年林	100~200
高草群落	25~100
中草群落	25~40
低草群落	1~2

（2）样地形状。样地的形状一般为正方形、长方形和圆形 3 种，以正方形和长方形较为常用。当群落空间变化较大时，采用长方形能够较好地反映群落的整体状况。有时也采用样线法进行取样，即记录一定长度的样线接触到的物种。

（3）样方数量。为了准确反映目标群落的总体特征以及进行群落的统计分析，植物群落的取样必须达到一定的数量。取样数量过少不能反映群落的总体特征，取样数量过多会造成人力和时间的过多投入。样方的数量主要依据研究目的以及所调查群落物种组成特征来确定。对于森林群落的调查，样地数量一般应至少在 3 个以上。对于草本及灌木的调查，样地数量可通过物种数-样方数曲线来确定，以物种数不再明显增加时曲线拐点所对应的样方数量来确定取样数量，其原理与通过种-面积曲线确定最小面积类似（许中旗，2021）。

（4）样方设置（布局）。

① 典型取样法（代表性样地法）。这是一种主观取样方法，即在所要研究的区域选择代表性群落地段进行样地设置。采用典型取样法选择样地应避开地形、土壤变化比较大的地段，特别是要避开群落交错区，除非专门研究群落交错区。

② 随机取样法。该法使某类群落各个部分都有同等机会（等概率）被抽取作样方。随机确定样方的方法很多，一种方法是在调查群落的一侧选择一个点，设为原点，构建坐标系，然后根据群落的实际大小，确定 X 坐标和 Y 坐标的范围，随机抽取 X 值和 Y 值，来确定样地的位置（朱志红和李金钢，2014）。在进行草本植物群落调查时，有时采用投掷样圈的方法来确定样地位置。随机取样法的优点是符合统计学要求，可以对总体平均值及其方差进行无偏估计。缺点是比较费时费力，在野外实施难度较大。

③ 机械取样法（系统取样法）。该法就是严格按照一定的规则确定样方位置，如梅花形取样、对角线取样、方格法取样等。在面积十分广阔的森林和草地中，这是一种通用的方法。其优点是布点均匀，定址简便。首先随机确定一个样地的位置，然后每隔一定的间距设置一个样地，使样地均匀分布在需要调查的群落中。由于样地之间的距离是一样的，因此样地的布设比较方便、省时省力，而且样地分布在整个调查对象之中，能够较为全面地反映群落的整体状况，代表性较强。

④ 分层取样。当调查的对象面积较大，或者研究对象的生态条件较为复杂时，可采用分层取样的方法。将研究对象按照地形、坡位、土壤年龄、干扰强度等因素分为不同的层，然后在每层中再进行随机抽样，布设样地，分别进行调查统计，最后推算总体估计量。每一层中设置的样地数量根据每一层的规模进行确定。分层取样的优

点是代表性比较好,抽样误差比较小,而且简单易行。

2.无样地抽样法

无样地取样技术也称距离测定法(distance method),是美国 Wisconsin 学派创造的主要用于森林群落研究的取样方法。其特点是无须设置固定面积的样地,而是在被研究的群落地段上随机选择若干点,测定该点与植株间的距离,推算种在群落中的数量特征。

无样地取样技术依据的原理是:植株在群落中的数量既可用密度 D 表示,也可用植株所占的平均面积 m 表示,且 $m=1/D$。因此,有可能用植株间的距离作为测定物种多度的指标。因为植物间的距离等于 $\sqrt{m}$,据此就可对平均面积上的密度做出正确估计(朱志红和李金钢,2014)。

无样地取样技术主要有最近个体法、最近邻体法、随机配对法和中心点四分法 4 种方法。

① 最近个体法。在调查群落地段内经罗盘确定的线上设置随机取样点,测定从取样点到最近树木个体间的距离,并记录种名、胸径等指标。

② 最近邻体法。用最近个体法设置取样点。先找出离取样点最近的个体,再找出一株与该个体最近的树木,测量它们之间的距离,并记录其他指标。

③ 随机配对法。用最近个体法设置取样点。先找出离取样点最近的个体,从该个体到取样点连成直线,通过取样点再引一线与此连线垂直,建立起一个 180°的封闭角,在封闭角的另一侧找出与已选个体最近的树木,测量它们之间的距离,并记录其他指标。

④ 中心点四分法。用最近个体法设置取样点。分别以每个取样点为原点建立直角坐标系,在 4 个象限内各找一株与原点距离最近的个体为取样对象,测量其与原点的距离,并记录其他指标。

(二)植物群落的分析

植物群落分析是对植物群落的观测数据进行数学分析以求揭示其内在的生态学规律。常用的植物群落分析有生活型谱分析、物种多样性分析、种间关联分析、群落相似性分析等。

1.生活型谱分析

植物的生活型是植物对综合环境及节律变化的长期适应而在外貌上反映出来的形态表现,它的形成是植物对相同环境条件趋同适应的结果。

目前已经有多种有关植物生活型的分类系统,以 Raunkiaer 的生活型分类系统最为常用。Raunkiaer 的生活型分类系统以植物体在度过生活不利时期(冬季严寒、夏季干旱)对恶劣条件的适应方式作为分类的基础。具体的是以休眠或复苏芽所处位置的高低和保护的方式为依据,把陆生植物划分为如下 5 类生活型。

(1)高位芽植物(Ph),休眠芽位于距地面 25 cm 以上,又依高度分为四个亚类,即大高位芽植物(>30 m)、中高位芽植物(8~30 m)、小高位芽植物(2~8 m)与矮高位芽植物(25 cm~2 m)。包括乔木和高灌木、藤本和木质藤本、附生植物、高茎的肉质植物。

(2)地上芽植物(Ch),多年生芽位于土壤表面之上 25 cm 之下,如匍匐灌木、矮木本植物、矮肉质植物、垫状植物,受土表的残落物保护,在冬季地表积雪地区也受积雪的保护。

(3)地面芽植物(H),又称浅地下芽植物或半隐芽植物,更新芽位于近地面土层内,在不利季节,植株地上部分全枯死,如季节性宽叶草本和禾草。

(4)地下芽植物又称隐芽植物(Cr),更新芽位于较深土层中或水中,多为鳞茎类、块茎类和根茎类多年生草本植物或水生植物。

(5)一年生植物(Th)是只能在良好季节生长的植物,以种子的形式度过不良季节。

2.物种多样性分析

物种多样性(species diversity)是指群落中物种的数量多少及其个体分布的均匀性程度,反映了群落的组织化水平,与群落的生态功能具有内在联系。

常用的物种多样性指数有以下几种:

(1)玛格列夫指数(Margalef index)。该指数是基于样方中一定数量的个体包含的物种数量来计算物种多样性。

$$D=(S-1)/\ln N。$$

式中,S 为样方物种数,N 为样方所有物种的总个体数。

(2)辛普森多样性指数(Simpson diversity index)。该指数是对概率的评估,是基于一个无限大的群落总体,随机抽取两个个体属于同一物种的概率大小来估测物种多样性。

假设物种 i 的个体数占总个体数的比例为 P_i(即相对密度),那么,随机抽取两个个体属于物种 i 的联合概率就是 P_i^2。如果将群落中全部物种的概率相加,就可得到 D。用公式表示为:

$$D = 1 - \sum_{i=1}^{S} P_i^2 = 1 - \sum_{i=1}^{S} \left(\frac{N_i}{N}\right)^2。$$

式中，S 为样方物种数；N_i为物种 i 的个体数；N 为样方中所有物种的总个体数。D 值越大，表示同一物种的两个个体被抽出的概率越小，物种多样性越高。

(3)香农-威纳指数(Shannon-Weiner index)。该指数用来描述群落中物种个体出现的紊乱程度和不确定性。不确定性越高，多样性也就越高。其计算公式为：

$$H' = -\sum_{i=1}^{S} P_i \ln P_i。$$

式中，S 为样方物种数；P_i 为属于物种 i 的个体数占全部物种个体数的比例，即相对密度。H' 也包含物种数和均匀度两个因素，其值越大，物种多样性越高。

(4)Pielou 均匀度指数(Pielou evenness index)。Pielou 把均匀度定义为群落的实测多样性(H')与该群落理论上的最大多样性(H'_{max})的比率。当群落中有 S 个物种，每个物种只有 1 个个体时，H'最大，物种多样性最高。群落的潜在最大多样性 $H'_{max} = \ln S$。而当全部个体属于同一物种时，$H'=0$，物种多样性最低。如果每个物种的个体数相等，则个体在物种间分布的均匀性也最高，定义为：

$$E = H'/H'_{max}。$$

3.种间关联分析

种间关联是指群落中不同物种在空间分布上的相互关联性。由于群落生境的差异影响了物种的分布，从而造成了物种间相互关联性的不同。如果两个物种共同出现的次数高于期望值，就称为正关联，即一个种依赖于另一个种而存在，或受共同的生物和非生物因子影响而生长在一起。如果它们共同出现的次数少于期望值，则为负关联，即由于竞争、化学他感或对环境的不同需求引起。物种之间也可能无关联，其出现仅受随机因素的影响(朱志红和李金钢，2014)。

种间联结性反映了各个物种在不同生境中相互影响、相互作用所形成的有机联系。植物物种之间的联结性是群落的重要数量和结构指标，它表示种间相互吸引或排斥的性质。种间关联分析通常以物种存在或不存在为依据，即局限于物种存在与否的二元数据的种间关联程度分析。研究不同物种的种间联结性，有助于客观地了解二者的相互作用以及所在群落的动态。此外，还能基于物种的联结性以划定区域内植物的生态种组，从而进一步了解该区域植物群落的结构，并有助于探讨物种与物种、物种与环境间的关系。对物种多样性的保护、森林的经营管理、自然植被的恢复与重建提供理论依据。

表征种间联结的参数大致有两类，即成对物种间的关联指数和多物种间的关联指数。前者多是通过二元数据计算得到，即以物种对出现或不出现的样方数来反映种间联结特性，如联结系数、共同出现百分率、Ochiai 指数和 Dice 指数等。后者是通过连续数据计算得到的,可同时检验多物种间的关联性,如方差比率法。

(1)种间关联程度的测定。种间关联程度的测定一般基于2×2列联表检验(表5-2)。

表5-2　2×2列联表

	物种B			合计
		出现的样方数	不出现的样方数	
物种A	出现的样方数	a	b	$a+b$
	不出现的样方数	c	d	$c+d$
	合计	$a+c$	$b+d$	$n=a+b+c+d$

表中,a为物种A和物种B共同占据的样方数;b为只出现物种A的样方数;c为只出现物种B的样方数;d为物种A和物种B都不出现的样方数;n为所有样方数。

PCC点相关系数:

$$PCC=\frac{ad-bc}{\sqrt{(a+b)(a+c)(b+d)(c+d)}}。$$

Ochiai指数:

$$OI=\frac{a}{\sqrt{(a+b)(a+c)}}。$$

式中,OI值的范围为[0,1],值为0表示物种间无关联,值为1时则表示关联程度最大,但OI不能区分关联的正负性。

Dice指数:

$$DI=\frac{2a}{2a+b+c}。$$

联结系数AC:

若$ad \geqslant bc$,则:

$$AC=\frac{ad-bc}{(a+b)(b+d)}。$$

若$bc > ad$且$d \geqslant a$,则:

$$AC=\frac{ad-bc}{(a+b)(b+d)}。$$

若$bc > ad$且$d < a$,则:

$$AC=\frac{ad-bc}{(a+b)(b+d)}。$$

式中,AC 值的范围在[-1,1]之间,数值越接近-1,表示 2 个物种之间负联结的程度越高,即 2 个物种表现出的互相排斥的特点越显著。数值越接近 1,则表示 2 个物种之间正联结的程度越高,物种对更倾向于共同出现。AC 值为 0,则 2 个物种完全独立。

Jaccard 指数:

$$JD=\frac{a}{a+b+c}。$$

式中,JD 的值域也为[0,1],值为 0 表示种对间无关联,值越接近 1 则表示种对的关联程度越大。与 OI 相同,JD 也不能区分联结性的正负。

(2)种间联结性的检验。χ^2统计量常用于确定实测值与在概率基础上预期值间偏差的显著度。为检验以上种间联结测度指标的准确性,用χ^2统计量来检验物种间的关联,由于取样为非连续性取样,其χ^2值用 Yates 的连续校正公式计算:

$$\chi^2=\frac{n\left(\left|ad-bc\right|-0.5n\right)^2}{(a+b)(a+c)(b+d)(c+d)}。$$

由于$\chi^2_{0.05}(1)=3.841$,$\chi^2_{0.01}(1)=6.635$,若$\chi^2>3.841$则表示种对间联结性显著;若$\chi^2>6.635$表示种对间联结性极显著。由于χ^2没有负值,物种间关联的正负性由 $ad-bc$ 来确定,如 $ad-bc>0$,则为正关联,反之为负关联。

4.群落相似性分析

在研究群落结构特征和进行群落分类时,常需比较不同地点(如不同海拔、坡向、坡度等)或同一地点不同时间所调查群落样本的相似性。群落相似性分析就是通过比较群落样本,确定两个群落的相似程度。群落相似性分析是植被生态学研究的重要内容,也是进行群落分类的基础。生态学家提出了很多计算群落相似性系数的方法。这里仅介绍几种简单常用的计算方法。

(1) Jaccard 相似系数:

$$JS=\frac{a}{a+b+c}。$$

式中,a 为两样地同时存在的物种数;b 和 c 为只在第一样地或第二样地中出现的物种数。

(2)Sørenson 相似系数:

$$SS=\frac{2a}{2a+b+c}。$$

式中，a 为两样地同时存在物种数；b 和 c 为只在第一或第二个样地中出现的物种数。

(3)欧式距离(Euclidean distance)：

$$ED_{jk} = \sqrt{\sum_{i=1}^{S} (x_{ij} - x_{ik})^2}。$$

式中，j 和 k 是相比较的两个样地；S 是物种数；x_{ij} 和 x_{ik} 是两个样地中物种 i 的密度(也可以是任何数量特征值，如盖度或重要值等)。因此，ED 度量了两个群落样本在欧式空间中所有物种就某个特定数量特征的差异。ED 值越小，群落的相似性越高。

三、实验仪器与工具

大皮尺(50 m)2 个、标本夹、枝剪、罗盘、放大镜、望远镜，(除望远镜外以上工具每组必备 1 份)；

样方表、标签、钢卷尺、实习地区植物检索表或植物志，(以上工具每组必备若干)；

野外记录簿、橡皮、小刀、铅笔，(以上工具人手 1 份)。

四、实验方法与步骤

(一)样地的设置和群落调查

在太白山北坡蒿坪寺—拔仙台一带 800~3 700 m 的海拔梯度范围内，基于植被垂直带谱(图 5-2)分别在栓皮栎林、锐齿栎林、辽东栎林、红桦林、糙皮桦林、巴山冷杉林、太白红杉林及高山灌丛、高山草甸带内选择典型群落进行样地设置，每个群落类型设置 3 个重复(样方间隔 50 m)。

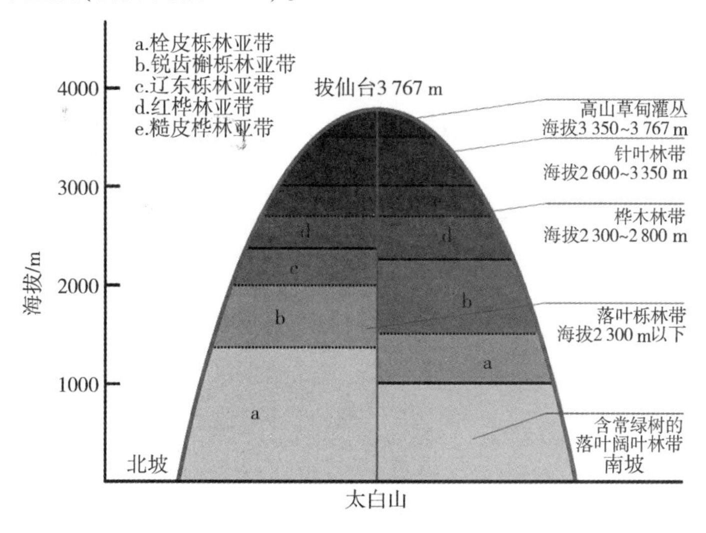

图 5-2　秦岭太白山植被垂直分布带谱(岳明，2015)

样地地点的选择应遵循以下原则：

(1)群落内部的物种组成、群落结构和生境相对均匀。

(2)群落面积足够，使样地四周能够有10~20 m以上的缓冲区。

1.森林群落调查

(1)样地设置。

① 森林样地面积600 m^2，一般为20 m×30 m的长方形。如现实情况不允许，也可设置为其他形状，但必须由6个10 m×10 m的样格组成。

② 以罗盘仪确定样地的四边，闭合误差应在0.5 m以内。以塑料绳将样地划分为10 m×10 m的样格。

(2)调查内容。各层次的具体调查内容如下：

① 乔木层：记录样地内出现的全部乔木种，测量所有胸径≥3 cm的植株的胸径和高度、个体所属层次（如主林层、副林层、演替层、更新层），记录其存活状态。

② 灌木层：选择2个面积10 m×10 m的样格进行灌木调查，对其中全部灌木分种计数，并测量平均基径和平均高度。

③ 草本层：每个10 m×10 m的样格内设置1个1 m×1 m的小样格进行草本植物调查，共计6个1 m×1 m的小样格，测量和记录每个草本层样格中每种草本植物的多度、盖度和高度。

④ 层间植物：记录出现的全部寄生、附生植物和攀援藤本植物种类，并估计其多度和盖度。

2.灌丛群落调查

(1)样地设置。样方面积100 m^2（划分为4个5 m×5 m的样格）。如果群落类型较破碎，也可以利用4个相邻不超过50 m的5 m×5 m的样格。

(2)调查内容。

① 灌木层调查：在每个5 m×5 m的样格内，记录所有灌木层植物的种名、平均高、平均基径、盖度和多度等级。

② 草本层调查：在每个5 m×5 m的样格内，各选1个1 m×1 m的样格进行草本层调查，记录所有维管植物的种名、平均高、盖度和多度等级；在整个10 m×10 m样方内，仔细搜寻在4个1 m×1 m样格中未出现的物种，记录种名。

3.草地群落调查

(1)样地设置。样地面积为10 m×10 m，在样地的四角以及中心，选择5个1 m×1 m的样格进行调查。

(2)调查内容。在每个 1 m×1 m 的样格内,记录所有维管植物的种名、平均高、盖度和多度等级;在整个 10 m×10 m 样方内,仔细搜寻在 5 个 1 m×1 m 样格中未出现的物种,记录种名。

(二)植物群落分析

1.生活型谱分析

(1)整理调查样方的物种的名录,包括物种名、拉丁名、科名、属名。

(2)按照 Raunkiaer 的生活型分类系统对所有物种进行分类,并统计各类型数量及比例。

(3)分析海拔梯度上不同群落类型植物生活型谱的变化。

(4)思考生活型谱变化的意义。

2.物种多样性分析

(1)数据的准备。参照下图对样方数据进行整理并在 Excel 中保存为 csv 格式。

	A	B	C	D	E	F	G	H
1		sp1	sp2	sp3	sp4	sp5	sp6	sp7
2	1LSZ-C-003	0	0	4	7	0	0	6
3	1LSZ-C-004	8	7	0	0	0	0	2
4	1LSZ-C-005	0	0	4	5	5	7	0
5	1LSZ-C-006	4	2	0	0	0	0	0
6	1LSZ-C-007	0	9	0	1	0	0	11
7	1LSZ-C-008	1	0	0	0	4	2	0

图 5-3　样方数据整理模板

(2)运行 R 软件并安装 vegan 程序包。

(3)计算物种多样性。具体代码如下:

```
library(vegan)
spmatrix<-read.csv("sp.csv",header = T,row.names=1)
#计算每个样方的物种个数
S<-specnumber(spmatrix)
#计算 Shannon 指数
Shannon<-diversity(spmatrix, index = "shannon")
#计算 Inversed Simpson 指数
InvSimpson<-diversity(spmatrix,index ="invsimpson".)
#计算均匀度指数
Pielouevenness<-Shannon/log(S)
```

```
Simpsonevenness<-InvSimpson/S
#结果输出
results=cbind(Shannon, InvSimpson,Pielou_evenness, Simpson_evenness)
write.csv(results, " results.csv ")
```

3.种间关联分析

(1)数据的准备。参照物种多样性分析整理数据。

(2)运行 R 软件并安装 spaa 程序包。

(3)计算种间关联程度。具体代码如下:

```
library(spaa)
spmatrix<-read.csv("sp.csv",header = T, row.names=1)
result <- sp.pair(spmatrix)
```

4.群落相似性分析

(1)数据的准备。参照物种多样性分析整理数据。

(2)运行 R 软件并安装 vegan 程序包。

(3)计算群落相似性系数。具体代码如下:

```
library(vegan)
spmatrix<-read.csv("sp.csv", header = T, row.names=1)
#计算 Jaccard 相似系数
Jaccard<-vegdist(spmatrix, method = "jaccard", binary = TRUE)
#转化为 Jaccard 相异系数
Jaccard _dis<-1- Jaccard
#计算欧式距离
euclidean_dis<-vegdist(spmatrix, method ="euclidean", binary = TRUE)
Jaccard _dis<-as.matrix(Jaccard _dis)
euclidean_dis<-as.matrix(euclidean_dis)
#结果输出
write.table(Jaccard _dis, " Jaccard _dis.txt", col.names = NA, sep = '\t', quote = FALSE)
write.table(euclidean_dis, " euclidean_dis.txt", col.names = NA, sep = '\t', quote = FALSE)
```

五、思考题

(1)构建植物生活型谱的意义是什么?

(2)在进行群落物种多样性分析时哪个多样性指数更有效?

(3)种间关联性与物种本身的优势度是否存在联系?

(4)在研究群落相似性时,如果取样面积不同会带来何种影响?

六、数据记录样表

表 5-3 植被调查监测总表

<table>
<tr><td>样地编号</td><td></td><td>群落类型</td><td colspan="2"></td><td>样地面积</td><td></td></tr>
<tr><td>调查地点</td><td colspan="2">省县(林业局)</td><td colspan="3">乡(林场)</td><td>村(林班)</td></tr>
<tr><td colspan="7">具体位置描述:</td></tr>
<tr><td>纬度</td><td colspan="2"></td><td>地形</td><td colspan="3">( )山地 ( )洼地 ( )丘陵
( )平原 ( )高原</td></tr>
<tr><td>经度</td><td colspan="2"></td><td rowspan="2">坡位</td><td colspan="3">( )谷地 ( )下部 ( )中下部
( )中部</td></tr>
<tr><td>海拔</td><td colspan="2"></td><td colspan="3">( )中上部 ( )山顶 ( )山脊</td></tr>
<tr><td>坡向</td><td colspan="2"></td><td>森林起源</td><td colspan="3">( )原始林 ( )次生林
( )人工林</td></tr>
<tr><td>坡度</td><td colspan="2"></td><td>干扰程度</td><td colspan="3">( )无干扰 ( )轻微 ( )中度
( )强度</td></tr>
<tr><td>土壤类型</td><td colspan="2"></td><td>照片编号</td><td colspan="3"></td></tr>
<tr><td>垂直结构</td><td>层高/m</td><td>盖度/%</td><td colspan="2">优势种</td><td colspan="2">地表特征</td></tr>
<tr><td>乔木层</td><td></td><td></td><td colspan="2"></td><td>地表裸露度</td><td></td></tr>
<tr><td>亚乔木层</td><td></td><td></td><td colspan="2"></td><td>地被层盖度</td><td></td></tr>
<tr><td>灌木层</td><td></td><td></td><td colspan="2"></td><td>地被层高度/cm</td><td></td></tr>
<tr><td>草本层</td><td></td><td></td><td colspan="2"></td><td>凋落物厚度/cm</td><td></td></tr>
<tr><td>调查人</td><td colspan="6"></td></tr>
<tr><td>记录人</td><td colspan="2"></td><td>调查日期</td><td colspan="3"></td></tr>
</table>

表 5-4 乔木层物种调查表

样地编号　　调查人员　　调查日期

样方号	样格号	植株号	所属层次	种名或采集号	树高/m	胸径/cm	健康状况	备注

注 所属层次记载:主林层、副林层、演替层或更新层;健康状况记载:A——好,B——一般,C——差,D——濒死。

表 5-5 灌木层物种调查表

样地编号　　调查人员　　调查日期

样方号	样格号	种名或采集号	基径/cm	均高/m	多度	盖度/%	冠幅/m	备注

表 5-6 草本层物种调查表

样地编号　　调查人员　　调查日期

样方号	样格号	种名或采集号	均高/m	多度	盖度/%	备注

注 按德氏多度等级记载多度:极优——soc,很多——cop3,多——cop2,尚多——cop1,不多——sp.,稀少——sol.,仅 1 株——un.。

表 5-7 层间物种调查表

样地编号　　　　调查人员　　　　调查日期

样方号	样格号	种名 或采集号	平均长度 /m	多度	盖度 /%	备注

注 按德氏多度等级记载多度:极优——soc,很多——cop3,多——cop2,尚多——cop1,不多——sp.,稀少——sol.,仅 1 株——un.。

实验十五 土壤动物采样与鉴定分析

一、实验目的

通过对陕西省不同生态气候区土壤动物的采样和鉴定分析,掌握土壤动物的采集和鉴定方法,了解陕西省不同生态气候区土壤动物的分布特征和变化规律,进而理解土壤动物分布与气候环境间的相互作用关系。

二、实验背景

土壤动物是指生活中有一段时间定期在土壤中度过,而且对土壤有一定影响的动物。土壤动物按动物身体的大小可以分为微小型动物、中型动物、大型动物和巨型动物,主要涉及原生动物、扁形动物、轮形动物、线形动物、软体动物、环节动物、缓步动物和节肢动物,有时把部分两栖动物、爬行动物和哺乳动物中的食虫目和啮齿目也纳入其中(尹文英,2001;阴环,2004)。

土壤动物涉及的门类非常广泛,由于各类动物体形大小相差悬殊,活动方式也各有差异,因而采集调查方法也有所不同。微小型土壤动物如原生动物、轮虫、熊虫等,体长一般在 0.2 mm 以下,须借助显微镜观察。小型湿生土壤动物如线虫、线蚓、涡虫、桡虫等常生活在湿润环境中,用湿漏斗(Baermann)法收集。中小型节肢动物如小型昆虫、蛛形类、多足类常生活在土壤的隙缝中,体形较小,以螨和跳虫的数量居多,可占本类型动物总数的 80%以上,用干漏斗(Tullgren)法收集。

土壤动物在生态系统中占有极其重要的地位,担负着消费者和分解者的任务。它们的组成数量及动态变化能够改变土壤养分的矿化速率和养分在土壤中的空间分布,改变植物根际微生物群落结构以及植物的激素状况,对土壤生态系统的物质循环和能量流动以及地上植物群落的结构、功能和演替起着重要调控作用(白登忠等,2012)。通过筛选和识别土壤中的动物,可以较深刻直观地认识到土壤的重要性,以及它作为动植物活动和栖息的平台作用。

植被地带性的变化伴随着土壤地带性的变化(图 5-4)。不同植被类型不仅会形成土壤生态系统明显不同的物质能量输入,而且会导致土壤动物物理环境和营养环境的改变,影响土壤动物群落的组成与结构(王邵军等,2010)。结合植被水平地带性的变化,在区域尺度上分析土壤动物和土壤特性的变化对认识植被和土壤关系有重要作用。

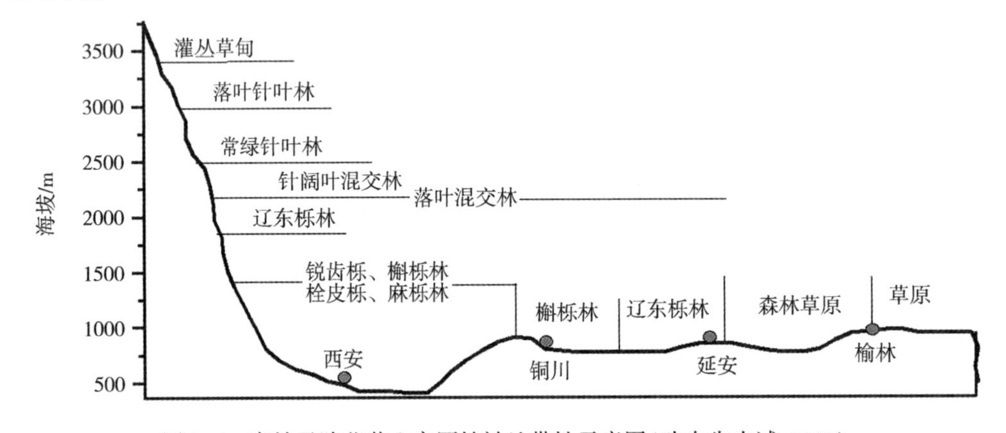

图 5-4 秦岭及陕北黄土高原植被地带性示意图(改自朱志诚,1991)

三、实验仪器与工具

专门用于采集土壤动物的干漏斗、土壤环刀、塑料袋或塑料盆若干,白瓷盘、铁铲或铁锹 1~2 把、放大镜或显微镜 1~2 个(台)、酒精、镊子若干。

四、实验方法与步骤

(一)采样地点的设置

结合大剖面实习由南至北分别设立样地,进行土壤动物样品的选取。取样地选在较为平坦、无人活动的地方,避开斜坡地、洼地、倒木、树根、蚂蚁窝等地。

(二)土壤动物的采样及鉴定分析

1.野外调查取样

(1)填写土壤动物调查表,包括采集日期、采集时间、天气状况、采集温度、植被分布情况、透光情况、枯枝落叶层厚度和土壤类型。

(2)采集土样:在每个群落内布设一个 10 m×10 m 样方,每个样方按对角线法随机取 5 个样点,用铁锹在每个样点上挖取深度为 20 cm 的土壤剖面,分 3 层(A 层:0~5 cm;B 层:5~10 cm;C 层:10~15 cm)用容积为 100 cm^3的土壤环刀采集土样,所取土样用干漏斗法分离提取中、小型土壤动物(体长 0.2~2 mm,如蜂螨、拟蝎、跳虫等);另外,每块样地取一个 50 cm×50 cm×5 cm 的土样,用手拣法收集大型土壤动物(体长 2 mm以上,如蜈蚣、甲虫、马陆等),装入酒精瓶做好标记。

(3)测定土壤湿度和 pH 值:用土壤酸湿度计在选定样地内随机测定土壤湿度和 pH 值各 5 次,取平均值记录。

2.土壤动物分离

(1)大型土壤动物分离。在野外采集的、浸在酒精瓶中的大型土壤动物,可用肉眼或在体视显微镜下进行分类计数,统计数量,然后测定生物量。最后,根据取样面积和样地数目,计算每平方米的个体数和生物量(mg/m^2)。

(2)中、小型动物分离。采用 Tullgren 法进行中、小型土壤动物和小型湿生土壤动物的分离。Tullgren 法采用的土壤动物分离器利用动物本身的运动,将动物从土壤中驱逐出来并收集。其基本构造是用支架固定一个或多个圆形容器(圆筒直径 14 cm、高 16 cm),其底为金属网(孔径 5 mm),网下安装一个漏斗(直径 15 cm),漏斗下放置接收器(10~15 mL小烧杯)内盛 75%乙醇。容器上方为半圆形的伞,伞中央安装一个灯泡(25 W)。若干个分离器并列安放在一个木架上。

在标记好的接收瓶中放入 75%乙醇,加入的乙醇量以漏斗嘴不接触乙醇为宜,然后将装料容器放在漏斗架上。打开电灯进行分离,并记录开灯时间。分离时间长短取决于土壤材料的性质、水分含量和室温等,一般需要开灯 24 h。

3.种类与数量统计

土壤动物计数通常采用平皿方格法。在直径 6~9 cm 的培养皿底上,划出 5~10 mm的方格,然后把接收瓶中的动物连同乙醇一起倒进去,按土壤动物检索表和检索图鉴(尹文英等,1992;尹文英等,1998;尹文英等,2000),在解剖镜和显微镜下对土壤动物进行分拣和统计。一般种类鉴定到目,少数种类鉴定到科,而有些种类只能鉴定到纲的水平。由于土壤动物的成虫和幼虫在土壤中的作用不同,按常规将成虫和幼虫分开统计个体数。培养皿中浮在下面的动物常常移动影响计数。为使其全部下沉,可倒入 90%以上浓度的乙醇强烈振荡。

4.生物量的测定

生物量的测定通常用平均 1 m^2面积内动物的湿重或干重来表示。

湿重测定:把分离出来的土壤动物倒在已知重量的滤纸上,待乙醇蒸干,再称其湿重。

干重测定:用真空干燥箱(60 ℃)将土壤动物烘干 6~10 h 达到恒重,用分析天平直接称重,求得土样中土壤动物的总质量(干重),然后换算出平均每平方米土壤动物的干重。

(三)数据分析

(1)整理每个样地土壤动物的物种组成数据。

(2)分析不同采样深度土壤动物物种组成和生物量的变化。

(3)用 R 软件的 vegan 程序包计算不同采样点土壤动物物种多样性指数,并分析其变化模式(代码见实验十四)。

(4)分析不同植被类型中土壤动物组成的差异。

(5)分析土壤湿度和 pH 对土壤动物组成的影响。

五、思考题

(1)土壤动物组成的变化如何受环境的影响?

(2)土壤动物组成和植被的关系是什么?

六、数据记录样表

表 5-8 土壤动物生境调查表

取样地点		经、纬度			
样地号		日期/时间			
样点号		海拔		天气	
气温		坡度		坡向	
植被类型		枯落层厚度		透光情况	
土壤类型		土壤质地		取样深度	
pH		土壤温度		土壤湿度	
备注					

实验十六　河流浮游与底栖生物的调查分析

一、实验目的

通过对河流多断面取样分析，掌握河流浮游与底栖生物的采集方法，了解浮游与底栖生物的分布规律和特征。

二、实验背景

浮游生物、底栖动物作为水域生态系统生产力和群落结构的主要组成要素，在水域生态系统中起着十分重要的作用。浮游生物作为一个大的生态学类群，它包括所有以浮游方式生活在水中的微小植物（通常指浮游藻类）和动物（一般包括原生动物、轮虫、枝角类和桡足类四大类）。底栖动物主要指生活史的全部和大部分时间生活于水底部的水生动物群，如软体动物、寡毛类和摇蚊类等（熊金林，2005）。

浮游生物和底栖动物对环境变化极为敏感，是维持食物网丰富和稳定的重要组成部分。浮游植物是水域生态系统的初级生产者，是水环境变化最直接的反映者。其优势种、多样性及群落结构等均可作为衡量水环境的关键指标，也可表征水体富营养化状态，常被选择作为水环境变化的生物指示类群。浮游动物是水域生态系统中重要的初级消费者，有着个体小、数量多等特点，以藻类、细菌、碎屑等为食。同时，它们是鱼类和其他水生动物的食物，是水生生态系统食物网中物质转化、能量流动和信息传递的主要纽带。浮游动物对水环境因子变化响应敏感，其群落结构对于水生生态系统健康具有重要的指示作用（陈越等，2022）；大型底栖动物是河流生态系统中的初级消费者，也是水生生态系统中不可缺少的角色，对水质的变化情况具有灵敏的指示作用，可作为水质变化的指示性生物，其群落组成和多样性能够侧面反映河流生态系统的健康状况。因此，了解和掌握浮游生物和底栖动物群落结构变化对于水生生态系统的稳定和健康十分重要（赵鑫等，2021）。

三、实验仪器与工具

采水器、水样瓶、流速仪、记录卡、标签、显微镜、浮游生物网（不同型号）、彼得逊采泥器、钢丝筛、塑料袋若干、放大镜或显微镜 1~2 个（台）、酒精、镊子、解剖针、吸管。

四、实验方法与步骤

（一）采样地点的设置

陕西无定河湿地省级自然保护区位于横山县北部的无定河流域，地理坐标为东经 109°05′~109°40′,北纬 38°00′~38°05′,总面积 114.80 km^2。其中,核心区面积 14.33 km^2,缓冲区面积 31.66 km^2,实验区面积 68.81 km^2。陕西无定河湿地省级自然保护区是以保护湿地生态系统为主要对象的自然保护区,其建立对于保护湿地珍稀水禽、陕北黄土高原风沙区湿地景观及水源地具有重要作用。

在无定河保护区(王圪堵水库以下河道长约 30 km)及河流湿地(保护区以下河道长约 70 km)开展浮游与底栖生物的调查,每 10 km 设一垂直于河道的断面,在断面上布设采样点。在每一个采样点测量河宽、水深,采用便携式流速仪测定流速。

(二)浮游植物的采样和计数

1.样品采集

根据水的深度在每一采样点用采水器采集水样。若水深不超过 2 m,可以在 0.5 m处取水;若水深 2~3 m,可分别在表层(离水面 0.5 m 以内)及底层(离水底 0.5 m)各采水样一份;如水深在 3 m 以上,则应增加中层采水,大约每隔 1.5 m 加采一个水样。每次所采水样取 1 000 mL,立即加入 15 mL 鲁哥氏液(碘液)固定,留待室内做定性和定量分析用。

2.样品处理

将已固定的水样倒入 1 000 mL 沉淀器中静置 24 h,用虹吸管仔细抽去上层不含藻类的清液,将剩下的 30~50 mL 沉淀物转入 50 mL 定量瓶中,再用吸出的清液冲洗沉淀器 3 次,冲洗液倒入定量瓶中,并使最终液体体积为 50 mL。如果长期保存样品需加 3~4 mL 福尔马林。

3.种类鉴定和计数

将定量瓶中的样品充分摇匀,吸出 0.1 mL,注入于计数框内,盖上盖玻片,在400~600 倍显微镜下进行分类鉴定及拍照,随后进行观察计数,每瓶计数两片盖玻片,取其平均值。每片盖玻片计数 50~100 个视野,同一标本的两次计数结果与其均数之差超过平均数的 15%,需再增加 1 次计数,在 3 次计数结果中选择两个较接近且与其均数之差不超过平均数 15%的结果作为计数结果。

4.数据计算

1 L 水中浮游植物的数量(N)可用下式计算:

$$N=\frac{C_s}{F_s \times F_n} \times \frac{V}{U} \times P_n。$$

式中,C_s为计数框面积(mm^2);F_s为每个视野的面积(mm^2);F_n为计数过的视野数;V 为 1 L 水样经沉淀浓缩后的体积(mL);U 为计数框的体积(mL);P_n为每片计数出的浮游植物个数。

如果计数显微镜固定不变，F_n、V、U 也固定不变，公式中的($\frac{C_s}{F_s \times F_n} \times \frac{V}{U}$)可用常数 K 代替，上述公式可简化为 $N=K \times P_n$。

(三)浮游动物的采样和计数

1.样品采集

采样点及采样层次的设置方法和浮游植物的相同。用 25 号浮游生物网在采样点捞取水样两份，用于原生动物和轮虫的种类鉴定和计数。其中一份水样不经固定带回实验室进行活体观察，另一份加入鲁哥氏液固定，用量为水样体积的 1.5%(鲁哥氏液:5 g 碘和 10 g 碘化钾溶于 85 mL 蒸馏水中)。枝角类和桡足类定性样品用 13~18 号网捞取，每 100 mL 水样中加入 4 mL 福尔马林固定。定量标本采水 20 L，于现场用 25 号生物网过滤，滤缩样品集中于 100 mL 广口瓶中，加入 4 mL 福尔马林固定。

2.样品处理

将带回的原生动物的水样标本，装入 1 000 mL 浓缩器中静置 24 h，浓缩到 30~50 mL，操作方法与浮游植物相同。计数时将水样充分摇匀，吸出 0.1 mL 或 0.5 mL，放入计数框中，盖上盖玻片进行计数，每份样品计数两片盖玻片，然后按浓缩的倍数换算成 1 L 水中的含量。枝角类、桡足类计数时，如水样中生物数量较少，可将全部浓缩样品进行计数。

(四)底栖动物的采样和计数

1.样品采集和处理

采用改良的彼得逊采泥器进行样品采集，采样面积为 1/16 m^2 或 1/20 m^2。

将采集的泥样倒入 40 目的钢丝筛中，放在水中轻轻摇荡，洗去样品中的污泥。然后将筛中的渣滓装入标记好的塑料袋中运回实验室分析。在采集完定量样品之后，还应在各采样点上，分别采取一定数量的泥样作为定性样品。

2.室内分析

将塑料袋内的样品倒入钢丝筛内，用自来水反复冲洗，直至完全洗净污泥。然后将渣滓倒入白色解剖盘内，加入清水，检出水蚯蚓和昆虫幼虫等，随后分类放入已装好固定液的指管瓶中，做好标记。蚯蚓浸在 4%~10% 甲醛溶液中固定，昆虫浸在 75% 乙醇中固定，软体动物样品浸在 75%~80% 乙醇中固定。取标本时需用小镊子、解剖针或吸管操作，避免损伤虫体。

3.数据计算

将各类动物尽可能鉴定到种，然后分别计数和称重。称重前先把样品放在吸水纸上,轻轻翻动吸去体外附着的水分;及时记录称重的数值,并将数据换算成密度(个体数/平方米)和质量(生物量),最后列表累计,从而算出采样月份中整个水域各类底栖动物的平均密度和生物量(表 5-9)。

表 5-9 底栖动物采集记录

水域名称:		样点编号:		采集时间:
采集工具: 气温:	水深:	底泥 pH:		底质类型:
面积: 水温:	流速:	底层溶解氧:		
种类	实采个数	湿重	个体数/平方米	质量/平方米

(五)数据分析

(1)对比分析不同采样点浮游植物、动物与底栖动物数量和种类组成的不同。

(2)用 R 软件的 vegan 程序包计算不同采样点浮游与底栖生物的物种多样性指数,并分析其变化模式(代码见实验十四)。

五、思考题

(1)为什么浮游与底栖生物是衡量水环境的关键指标?

(2)浮游与底栖生物可以指示水环境的哪些特征变化?

实验十七 植物群落分类与排序

一、实验目的

了解植物群落分类和排序的基本思想和原理;熟悉植被分类的原则和依据,认识中国植被的分类系统;掌握数量分类和排序的基本方法和技术要点,理解群落的连续性或者间断性特征及其与环境的关系。

二、实验背景

(一)群落分类

群落分类是把实体(或属性)集合按其属性(实体)数据所反映的相似关系分成组,使同组内的成员尽量相似,而不同组的成员尽量相异。

1.群落分类的依据和原则

对植物群落的分类存在两条途径：

(1)机体论。该学派的代表人物是美国生态学家克莱门茨(Clements)。他将植物群落比拟为一个生物有机体，看成是一个自然单位。它和有机体一样具有明确的边界，而且与其他群落是间断的、可分的，因此群落可以像物种那样进行分类。

(2)个体论。此观点认为群落是连续的，没有明确的边界，它不过是不同种群的组合，而种群是独立的。应采取排序的方法来研究连续群落变化，而不采取分类的方法。

实践证明，植物群落的存在既有连续性的一面，又有间断性的一面，不能强调连续性而否认"群落类型"的客观存在；也不能因为承认了间断性，就认为群落类型是极其严格和十分自然的。

由于不同国家或不同地区的研究对象、研究方法和对群落实体的看法不同，群落分类依据、分类原则和分类系统有很大的差别，甚至成为不同学派的重要特色。一般的群落分类依据包括群落的外貌结构特征、植物种类组成、植被动态特征、生态环境特征等。

我国生态学家在《中国植被》中采用了"群落生态"原则，即以群落本身的综合特征作为分类依据，群落的种类组成、外貌和结构、地理分布、动态演替等特征及其生态环境在不同的等级中均做出了相应的反映。主要分类单位有三级：植被型(高级单位)、群系(中级单位)和群丛(基本单位)。每一等级之上和之下又各设一个辅助单位和补充单位。高级单位的分类依据侧重于植被外貌、结构和生态地理特征，中级和中级以下单位则侧重于植被种类组成。其系统如下：

植被型组(Vegetation type group)
　植被型(Vegetation type)
　　植被亚型(Vegetation subtype)
　　　群系组(Formation group)
　　　　群系(Formation)
　　　　　亚群系(Subformation)
　　　　　　群丛组(Association group)
　　　　　　　群丛(Association)
　　　　　　　　亚群丛(Subassociation)

2.数量分类

植被数量分类是植被分类的分支学科，它是用数学方法来完成分类过程。数量分类可以处理大量数据,获得的信息量大,分类的精度较高,速度也快。数量分类是基于实体或属性间相似关系之上的。因此,大部分分类方法首先要求计算出实体间或属性间的相似(或相异)系数,再以此为基础把实体或属性归并为组,使得组内成员尽量相似,而不同组的成员则尽量相异(张金屯,2004)。常用的数量分类方法有等级聚合法、等级划分法、非等级分类法、模糊数学分类法等。

等级聚合法不仅适合于数量数据,也适合于二元数据。在 20 世纪 60 年代后期到 80 年代初,等级聚合法在研究中占有重要地位。根据不同的聚合策略,等级聚合法可分为最近邻体法、最远邻体法、中值法、形心法、组平均法、平方和增量法等(图 5-5)。

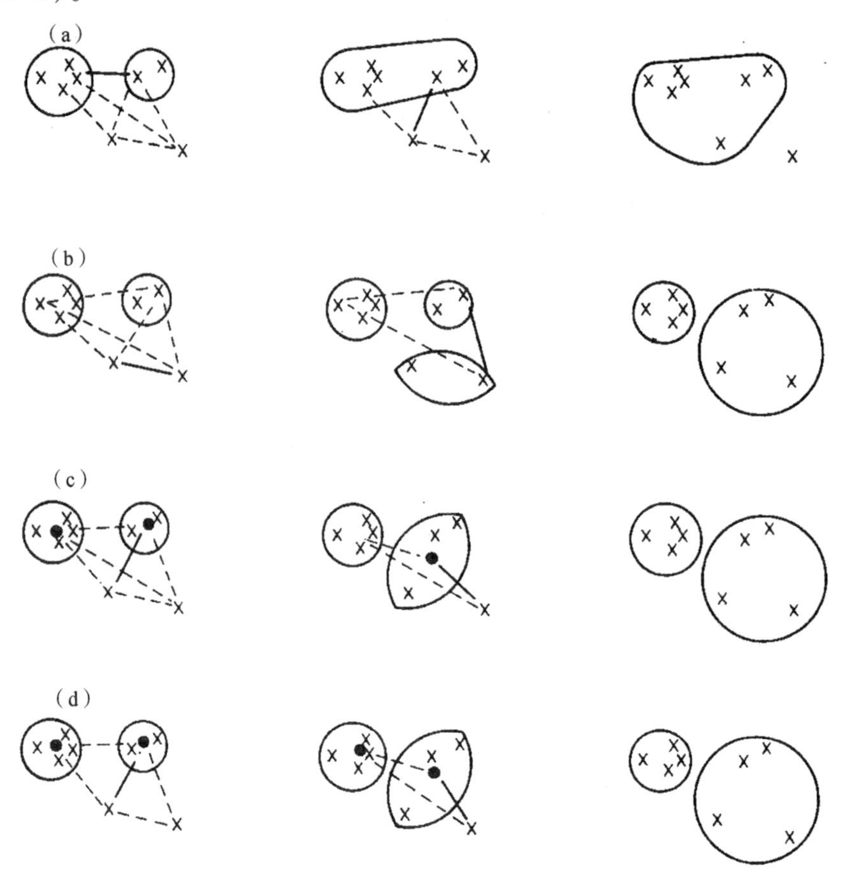

(a)最近邻体法;(b)最远邻体法;(c)中值法;(d)形心法

图 5-5 等级聚合的四种策略(Greig-Smith, 1983)

(二)群落排序

排序是一种近代群落生态学研究方法,通过排序可以把一个地区内所调查的群落样地按照相似度来排定位序,从而分析各样地之间及其与生境之间的相互关系。

通过排序可以显示出实体在属性空间中位置的相对关系和变化的趋势。如果它们构成分离的若干点集,也可达到分类的目的;结合其他生态学知识,还可以用来研究演替过程,找出演替的客观数量指标。如果同时利用物种组成的数据和群落环境因素的数据去排序,还可以揭示出植物种与环境因素的关系,从而提出生态解释的假设。

排序的类型如下:

(1)直接排序(direct gradient analysis)。沿着已知的环境梯度,按照一定的取样方法对植被进行取样,分析植物种的分布以及植被变化与环境因子之间的关系。

直接排序常用的方法有:冗余分析(Redundancy Analysis, RDA)、典范对应分析(Canonical Correspondence Analysis,CCA)。

(2)间接排序(indirect gradient analysis)。根据群落本身的属性,如种的出现与否,种的频度、盖度,等等,计算相关性导出抽象轴并在这些抽象轴上对群落排序。

间接排序常用的方法有:主成分分析(Principal Components Analysis,PCA)、对应分析(Correspondence Analysis,CA)、去趋势对应分析(Detrended Correspondence Analysis,DCA)、主坐标分析(Principal Coordinate Analysis,PCoA)、非度量多维尺度分析(Non-metric Multi-dimensional Scaling,NMDS)。

三、实验仪器与工具

STATISTICA 10.0 软件和 CANOCO 5.0 软件。

四、实验方法与步骤

(一)植被分类系统编制

(1)下载并仔细阅读文献《〈中国植被志〉的植被分类系统、植被类型划分及编排体系》和《中国植被分类系统修订方案》,熟悉中国植被的分类系统。

(2)提取《陕西植被》一书中现有的群系类型(不包括群丛),并参照最新《中国植被分类系统修订方案》编制陕西省的植被分类系统。

(3)对各植被分类单元的种类和数量进行统计分析。

(二)数量分类

(1)将表 5-10 中的样方数据转入 Excel 中。

(2)安装并运行 STATISTICA 10.0 软件,选择聚类分析选项,分别选择最近邻体法、最远邻体法、中值法、形心法、组平均法对 8 个样方进行聚类分析。

(3)导出分类结果树状图,并对比不同方法的分析结果。

(三)群落排序

(1)基于表5-10和表5-11准备物种和环境数据。

(2)将物种和环境数据导入CANOCO 5.0软件中。

(3)只选择物种组成数据并运行DCA排序分析。

(4)同时选择物种组成数据和样方环境数据运行CCA和RDA排序分析。

(5)图表结果输出。

表5-10 8个样方中8个物种的数据

样地	物种							
	1	2	3	4	5	6	7	8
1	10	0	1	3	8	13	0	4
2	1	5	9	0	3	4	8	11
3	0	8	0	6	1	2	7	2
4	2	2	2	7	0	4	3	0
5	7	4	3	0	5	3	2	7
6	3	0	5	9	3	0	0	0
7	0	3	4	2	6	0	4	2
8	8	7	0	6	1	0	8	6

表5-11 8个样方6个环境因子的数据

样地	环境因子					
	Soil N	Soil C	Soil P	MT	MP	pH
1	0.17	2.97	0.64	10	602	8.28
2	0.25	4.40	0.68	12	657	8.10
3	0.19	3.03	0.59	12	706	8.10
4	0.12	2.03	0.43	12	554	6.54
5	0.11	1.89	0.52	12	622	8.10
6	0.14	2.05	0.62	11	610	8.15
7	0.07	2.19	0.53	9	596	7.22
8	0.20	3.36	0.61	10	602	8.45

五、思考题

(1)为什么要进行群落数量分类？如何选择分类的方法？

(2)如何选择群落的排序方法?

实验十八　昆虫群落多样性与环境梯度

一、实验目的

掌握昆虫的采集方法;熟悉实习地区昆虫的主要种类和鉴定方法;了解昆虫多样性随环境梯度的变化规律。

二、实验背景

昆虫是动物界种类最繁盛的类群,迄今已知 100 多万种,占已知动物总种数的四分之三以上。昆虫具有生活周期短,繁殖能力强,分布广泛,种类、数量巨大,对细微环境变化敏感且反应迅速等特点,因此,对生态环境的变化具有重要的指示功能(张若男,2020)。

作为生物多样性的重要组成部分,昆虫多样性在维持生态平衡、生物防治、医药保健、植物授粉和作为轻工业原料等方面起着重要作用。研究昆虫多样性,不仅可以了解昆虫世界的奥秘,对于揭示生物间联系、描述生境的精细特征及细微变化、实施生物多样性监测和保护也有着积极意义(李少鹏,2021)。

植被类型深刻地影响着昆虫群落结构。由于植被是昆虫的栖息场所、避难场所和植食性昆虫的食物来源,不同植物群落由于垂直结构和水平结构的不同,使不同的空间位置有着不同的微生态环境,造成植物群落不同空间结构的昆虫种类和数量的差异。另外,由于植被分布的水平地带性,空气和土壤的温度、湿度等环境因子的分布在水平空间上是不均匀的,昆虫种群因其自身的生物学适应范围随栖境布局而有相应水平的分布格局。基于植被分布的水平地带性特点,结合相关环境因子分析昆虫多样性的变化模式,对理解昆虫的地理分布格局有重要意义。

三、实验仪器与工具

采集网、水网、毒瓶、杀虫管、吸虫管、幼虫采集管、三角纸袋、昆虫针、大头针、展翅板等。

四、实验方法与步骤

(一)样地的设置

根据植被水平地带性的变化,从秦岭北麓基带的栓皮栎林起,向北沿黄土高原的子午岭,在森林区选取槲栎林和辽东栎林、在森林草原过渡区选择灰榆和山杏群落、在草原区选择华北米蒿群落和长芒草群落,分别设立样地进行昆虫的采集。

(二)昆虫群落多样性调查

在每个采样地点记录经、纬度和海拔,用捕虫网(网口直径 30 cm,深 50 cm,锥形,以白色尼龙纱制成)在样方的各个方位随机扫取 100 网。将采集的昆虫标本装入毒瓶中杀死,然后放入三角纸袋内,记录好时间、地点带回实验室鉴定。昆虫标本至少鉴定到科,未能鉴定到种的昆虫标本将其编号进行单独处理。

对于夜出性的昆虫,每日在晚 21:00~24:00 期间进行灯诱,灯诱地点应避免外界灯光的干扰。在毒瓶内加入乙酸戊酯,将幕布上的鳞翅目昆虫收集到毒瓶内毒晕后暂时封存于三角纸袋内,其他类型的昆虫收集在装有 75%酒精的收集瓶内,附上采集标签。

(三)数据分析

将样方调查的总个体数作为群落的总个体数,将样方调查的总种类数作为群落的总物种数。利用 Excel 和 R 软件对数据进行统计分析,计算每个采样点群落的物种多样性指数,包括辛普森多样性指数、玛格列夫指数、香农-威纳指数和 Pielou 均匀度指数。

利用 R 软件 raster 软件包根据记录的经、纬度提取各采样地点的气候因子(表 5-12,Bio1~Bio19),空间分辨率为 1 km。气候基准数据来源于 WorldClim 数据库,该数据库收集了 1950—2000 年全球各地气象站的每月气象数据, 将 2000 年作为基准年,采用插值法生成全球气候栅格数据。

表 5-12　环境因子

编码 Code	环境因子 Environmental variables	缩写 Abb.
Bio1	年平均气温 Annual mean air temperature	AMT
Bio2	每月最高气温与最低气温差值的平均值 Mean diurnal air temperature range	MDTR
Bio3	等温性 Isothermality	ISO
Bio4	季节性气温变异 Air temperature seasonality	ATS
Bio5	最热月的最高气温 Max temperature of the warmest month	MTWM
Bio6	最冷月的最低气温 Min temperature of the coldest month	MTCM
Bio7	气温的年较差 Temperature annual range	TAR
Bio8	最湿季度的平均气温 Mean temperature of the wettest quarter	MTWEQ

续表

编码 Code	环境因子 Environmental variables	缩写 Abb.
Bio9	最干季度的平均气温 Mean temperature of the driest quarter	MTDQ
Bio10	最热季度的平均气温 Mean temperature of the warmest quarter	MTWAQ
Bio11	最冷季度的平均气温 Mean temperature of the coldest quarter	MTCQ
Bio12	年降水量 Annual precipitation	AP
Bio13	最湿月的降水量 Precipitation of the wettest month	PWM
Bio14	最干月的降水量 Precipitation of the driest month	PDM
Bio15	降水季节性变化 Precipitation seasonality	PS
Bio16	最湿季度的降水量 Precipitation of the wettest quarter	PWEQ
Bio17	最干季度的降水量 Precipitation of the driest quarter	PDQ
Bio18	最热季度的降水量 Precipitation of the warmest quarter	PWAQ
Bio19	最冷季度的降水量 Precipitation of the coldest quarter	PCQ
Alt	海拔 Altitude	Alt

利用向前逐步回归法分析并筛选影响昆虫物种多样性变化的主要环境因子,并用一般线性模型分析这些环境因子与植被类型的交互作用，验证不同植被类型昆虫多样性对环境的响应。

五、思考题

(1)不同植被类型中昆虫多样性的变化有何生态学指示意义?

(2)昆虫多样性的变化如何受环境因子的影响?

实验十九　化感作用

一、实验目的

掌握化感作用实验中浸提液的制备过程;认识化感作用对植物种子萌发的影响。

二、实验背景

植物化感作用(allelopathy)是指植物通过地上茎叶部分挥发、茎叶淋溶、根系分泌等途径向环境释放化学物质,从而影响(抑制或促进)邻近植物(异种个体或同种个体)生长和发育的过程。这种释放的化学物质即为化感物质,这些化感物质进入土壤后使其理化性质和养分状况发生改变,从而影响植物的生长和发育(王进闯,2004)。大多数植物的化感物质会抑制受体植物种子萌发的吸水阶段各关键酶的活性,使种子劣变、活力降低,进而降低萌发率,延迟萌发时间,从而达到抑制受体种子萌发的效果(潘开文,2016)。

植物化感作用会从不同的时空尺度包括植物的生物地理分布格局,植物的防御过程、根际过程、土壤养分循环过程及微生物群落结构等多方面影响生态学过程(孔垂华,2016)。在种群或群落尺度,化感作用通过直接影响邻近植物或者后续同种或异种植物的生长和发育过程,来影响种间互作程度,在生物入侵、群落格局的构建和群落演替过程中均占据着重要的地位和作用(王杰,2018)。在生态系统尺度,化感物质会通过影响凋落物的分解、食草行为、营养级间的相互作用及氮循环等生态学过程来影响生态系统的物质循环和能量流通,从而增强、减弱或改变生态系统内部植物、动物及微生物群落的功能。并且化感物质的产生、释放和储存会通过影响土壤微生物的群落结构和功能来调控生态系统的格局和过程(平晓燕,2018;阎飞,2000)。

化感作用被证明是群落演替的重要驱动力,其影响包括先锋阶段、亚顶极群落和顶极群落阶段等在内的几乎所有的群落演替阶段(Wardle,et al., 1998)。茵陈蒿(*Artemisia capillaries*)是黄土丘陵区坡耕地撂荒后的先锋物种,在群落形成过程中,除了自身环境适应性外,茵陈蒿对演替后期植物的化感作用能影响群落的演替进程(孙庆花,2016)。以茵陈蒿为材料研究早期演替物种和后期演替物种的种间作用对理解群落的演替机制有重要的意义。

三、实验仪器与工具

塑料袋若干、塑封带、离心管、滤纸、培养皿、三角瓶、铁铲或铁锹 1~2 把、恒温培养箱、镊子。

四、实验方法与步骤

(一)材料准备

在黄土高原退耕后形成的天然草地,分别采集茵陈蒿植株根系、地上部(除根系以外的植株部分)和根际土作为浸提液的来源,受体材料为茵陈蒿和白羊草。

采用 Riley 抖落法采集植物根际土:用铁铲挖取具有完整根系的土体,先轻轻抖落大块不含根系的土壤,然后用力将根表面附着的土壤全部抖落,并迅速装入塑料袋内。

（二）浸提液的制备

1.水浸提液的制备

将植物根系和地上部清洗干净，阴干粉碎，过0.25 mm筛，分别称取30 g倒于三角瓶中，加入150 mL蒸馏水，在震荡机中震荡浸泡30 min，然后在4 000 r/min离心机中离心5 min，吸取上清液为浸提母液，并将母液分别稀释10倍（0.02 g/mL）和100倍（0.002 g/mL）。根际土水浸提液制备步骤与根系和地上部相同。

2.甲醇浸提液的制备

方法与过程同水浸提液。

（三）种子萌发实验

选取颗粒饱满、大小均匀的受体植物种子，用0.1%的高锰酸钾溶液消毒15 min，取出用蒸馏水冲洗至无高锰酸钾，在铺有单层滤纸的直径为9 cm的培养皿中培养种子（每个物种100粒）。在培养皿中加入2 mL不同浓度的浸提液，以蒸馏水处理为对照，每个处理重复5次，在25 ℃恒温培养箱中进行发芽实验。一周后测量根长、芽长和发芽率。

依据化感指数 RI 评估茵陈蒿对自身以及白羊草是否存在相互促进或抑制作用。

$$发芽率=（发芽种子数/供试种子数）\times 100\%，$$

$$化感指数\ RI=1-C/T(T\geq C)，$$

$$RI=T/C-1(T<C)。$$

式中，C 为对照值；T 为处理值。将 RI 作为衡量指标，$RI>0$ 为促进作用，$RI<0$ 为抑制作用，绝对值的大小与作用强度一致。计算发芽率、根长和芽长的 RI 值。

（四）数据分析

所有数据采用STATISTICA 10.0进行统计分析，采用单因素方差分析和Duncan法比较处理组间的差异，显著性水平为 $\alpha=0.05$。

五、思考题

（1）植物化感作用如何影响种间关系？

（2）植物化感作用对植物群落演替的意义是什么？

实验二十 黄土高原植物群落演替分析

一、实验目的

认识黄土高原植被演替过程中物种组成的变化;理解群落演替过程中物种多样性和系统发育多样性的变化模式;掌握群落演替的分析方法。

二、实验背景

植物群落演替的研究一般要涉及时间因子。因此,关于演替的数据通常用以下一些方法获得:一是建立永久样方,在不同的时间调查群落种类和数量特征;二是围地研究,与永久样方的差别在于,它同时排除了人类和其他大型动物对群落的影响;三是利用不同时间的航空照片或卫星照片,可以解译出一些数据,比如群落面积的变化、群落边界的变化等;最后就是利用多次调查结果进行分析研究(张金屯,2004)。对于所获得的演替数据有不同分析方法,如以种群动态为基础的演替分析方法、以群落为基础的静态演替分析方法和以群落为基础的动态演替分析法。

在一般的植物群落调查中只记录样方中的种类及其数量特征,这种数据不包含时间因子,是一次性调查结果,对这种数据进行演替分析一般方法比较简单,同时要求对所研究群落的整个演替过程(从先锋群落到顶极群落)有已知性。所以,这种分析通常适合于次生恢复演替的研究。这样的演替分析称作静态演替分析。主要的分析方法有:演替指数法、群落演替度法和演替的梯度分析法。

演替的梯度分析法(succession gradient analysis)是用静态演替样方调查法,即采用同时对不同演替阶段的群落类型进行调查的方法(张金屯等,2001),以研究不同演替阶段的群落特征,分析其演替规律。在研究区域,一般根据各演替阶段群落的面积大小,设置数量不等的样方,在每个样方中记录种类组成、植物种的盖度、多度等植被数量指标,同时也可记录每个样方的环境因子,比如海拔高度、坡度、坡向、土层深度等,以分析环境因素对演替的作用。然后利用排序的方法反映演替的梯度、速度、方向等(张金屯等,2001)。

黄土高原是我国水土流失最严重的地区之一。陕北黄土高原生境时空异质性强、环境梯度明显。受人为扰动较为剧烈,涵盖森林区、森林草原区和典型草原区3

个植被区域（朱志诚，1993）。其南部的森林区在1866年前后发生过大范围民族冲突，随后该地区人口开始大规模减少，撂荒地上的植被开始自然恢复，至今已有近150年历史。除部分地段已经自然恢复演替到顶极群落阶段，目前广泛分布着处在不同演替阶段的次生森林、灌丛和草甸群落，成为研究黄土区次生演替过程的良好场所。

三、实验仪器与工具

大皮尺（50 m）2个、标本夹、枝剪、罗盘、放大镜、望远镜，（除望远镜外以上工具每组必备1份）；

样方表、标签、钢卷尺、实习地区植物检索表或植物志，（以上工具每组必备若干）；

野外记录簿、橡皮、小刀、铅笔，（以上工具人手1份）。

四、实验方法与步骤

（一）野外群落调查

根据已有研究调查，黄土高原森林区森林群落次生演替划分为6个阶段：①一、二年生草本阶段，群落优势种一般为耐旱物种猪毛蒿或者广布种狗尾草和苦苣菜等，一般存在1~4年；②多年生蒿类阶段，主要优势物种为铁杆蒿和茭蒿群落，存在年限为4~8年；③多年生禾草阶段，主要有黄背草、大油芒和白羊草群落，存在年限一般为8~15年；④灌木阶段的群落在本地区较为常见，主要的优势物种有狼牙刺、荆条、沙棘、黄蔷薇和虎榛子等，群落类型繁多，存在年限为10~50年；⑤先锋乔木阶段，主要有山杨林、白桦林和侧柏林等，存在年限为50~100年；⑥顶极群落以辽东栎林为代表，局部地段有槲栎林和麻栎林。

在尽可能邻近的空间内，采用空间代替时间的方法选取生境相似的、处于不同演替阶段的典型群落进行样方调查，每个演替阶段设置至少5个重复样方，共30个样方，样方大小分别为：森林20 m×20 m、灌丛10 m×10 m、草本群落5 m×5 m，以尽可能包含更多的物种并保证准确记录不同演替阶段群落的物种组成（该区域森林、灌丛和草本群落的表现面积分别约为10 m×10 m、5 m×5 m和2 m×2 m）。按照实验十四的方法进行常规群落学调查，记录各物种的盖度、多度、植株高度及样方的坡度、坡向和海拔等环境特征。对乔木进行每木调查，记录其高度、冠幅、基径和胸径。

（二）数据分析

1.物种组成的分析

将调查所得不同演替阶段的样方数据进行数量分类和排序，综合二者结果确定不同演替阶段及其变化关系。数量分类采用双向指示种分析法(Two Way Indicator Species Analysis, TWINSPAN)、排序用除趋势对应分析法(Detrended Correspondence Analysis, DCA),前者用软件TWINSPAN计算,后者用CANOCO 5.0分析软件完成。

物种的数量指标(IV)为重要值,其计算公式为:

$$IV(\text{乔木}) = (\text{相对密度}+\text{相对胸高断面积}+\text{相对频度})/3,$$

$$IV(\text{灌草}) = (\text{相对密度}+\text{相对盖度}+\text{相对频度})/3。$$

2.物种α和β多样性的分析

利用R软件vegan包中的diversity函数计算每个样方辛普森多样性指数(代码见实验十四),以此评估群落的α多样性。

$$D = 1 - \sum_{i=1}^{S} P_i^2 。$$

式中,S为物种数量;$P_i = N_i/N$,N_i为第i个物种的多度(或重要值);N为各层所有物种的多度值(或重要值)之和。

利用R软件vegan包vegdist函数计算同一演替阶段不同样方间及不同演替阶段样方间Jaccard指数(代码见实验十四),以此评估物种β多样性。

$$\beta_{\text{jac}} = \frac{a+b}{a+b+c}。$$

式中,a和b分别为群落a和群落b的物种数;c为两个群落的共有物种的数量。

3.谱系α多样性和谱系结构的分析

以所有样方中调查的所有物种为物种库,用在线工具Phylomatic,基于Angiosperm Phylogeny Group's APGIII(R20120829)系统构建谱系树(Webb & Donoghue, 2005)。利用分子及化石定年数据(Wikstrom et al., 2001),计算出谱系树中每一个分化节点发生的时间,用BLADJ模块拟合谱系树枝长(Webb et al., 2008)。

利用R软件picante包的pd函数计算每个样方的Faith谱系多样性指数(Phylogenetic Diversity,PD; Faith, 1992)。Faith谱系多样性指数是保护生物学研究中的常用指数,已经逐渐被用于群落构建的研究中(Forest et al., 2007;Morlon et al., 2011)。

用净亲缘指数(NRI)和净最近种间亲缘关系指数(NTI)量化每个样方的谱系结构(Webb, 2000),具体计算在PHYLOCOM软件中的COMSTRUCT模块中进行(Webb et al., 2002)。NRI是平均谱系距离(MPD)的标准效应大小值,侧重于从整体上描述群落中物种形成的谱系结构(Swenson et al., 2007)。而NTI侧重于测定样方内个体间平均最近邻近距离。以所有物种为物种库,保持物种数量及物种个体数不变,通过随机抽奖模型(random lottery model),将每个样方中的物种名从物种库中随机抽取

999 次，从而获得该样方中物种在随机零模型下的 *MPD/MNTD* 的分布，最后利用随机分布结果将观察值标准化，从而获得 *NRI* 和 *NTI*。

NRI 和 *NTI* 计算公式如下：

$$NRI=-1\times\frac{MPD_{\text{observed}}-MPD_{\text{randomized}}}{sdMPD_{\text{randomized}}},$$

$$NTI=-1\times\frac{MNTD_{\text{observed}}-MNTD_{\text{randomized}}}{sdMNTD_{\text{randomized}}}。$$

式中，$MNTD/MPD_{\text{observed}}$为观察值；$MNTD/MPD_{\text{randomized}}$为随机零模型期望值（$n=999$）；$sdMNTD/MPD_{\text{randomized}}$为零模型分布的标准差。$NTI/NRI>0$ 表明 *MNTD/MPD* 低于期望值，表示谱系汇聚；相反，$NTI/NRI<0$ 表示谱系发散。

4.谱系 β 多样性分析

计算每个演替阶段内、演替阶段间两两样方间的谱系距离，并作为谱系 β 多样性。用 PHYLOCOM 软件中的 COMDIST 模块和 COMDISTNT 模块分别计算 *betaNRI* 和 *betaNTI*（Webb et al., 2002）。*betaNRI* 计算两个样方所有个体间的成对谱系距离，*betaNTI* 计算两样方最近邻近个体的谱系距离。负值表示两群落谱系周转较高，群落间个体的亲缘关系远，正值相反。具体公式如下：

$$betaNRI=-1\times\frac{betaMPD_{\text{observed}}-betaMPD_{\text{randomized}}}{sdbetaMPD_{\text{randomized}}},$$

$$betaNTI=-1\times\frac{betaMNTD_{\text{observed}}-betaMNTD_{\text{randomized}}}{sdbetaMNTD_{\text{randomized}}}。$$

五、思考题

（1）在群落演替过程中，物种组成的变化有何规律？

（2）在群落演替过程中，物种多样性和谱系多样性的变化是否相同？

第六章 生态系统生态学

实验二十一 小流域污染空间格局

一、实验目的

掌握小流域污染空间格局的调查和分析方法，了解小流域污染研究中常用的指标、测量方法及生态学意义，深刻认识小流域污染特点及影响因素。

二、实验原理和背景

小流域面源污染主要指农业或者城市污染物(如化肥、农药、农膜、生活污水、粪便、生活生产垃圾等)以广域的、分散的、微量的形式进入地表及地下水体，使水体悬浮物浓度升高，有毒有害物质含量增加，溶解氧减少，水体出现富营养化和酸化趋势。不仅直接破坏水生生物的生存环境，导致水生生态系统失衡，而且还影响人类的生产和生活，威胁人体健康。调查显示，小流域面源污染已经不亚于工业生产产生的点源污染(中华人民共和国生态环境部，2010)。因此，小流域面源污染是当前生态环境问题中最为突出的问题之一。

与点源污染的集中性相反，小流域面源涉及多个污染源，污染具有分散性的特征，它随着流域内地形地貌、土地利用、气象、水文等的不同而具有空间异质性和时间上的不均匀性特点。因此，小流域面源污染空间格局是小流域污染调查研究中的重要内容。通过小流域污染空间格局的调查监测并结合地形地貌等环境因子的调查，可以科学地反映小流域污染的时空特性及影响因素，从而有效指导小流域的污染防治和生态恢复。

三、实验仪器与工具

水样采集器、500 mL 聚乙烯瓶、手持 GPS、0.45 μm 滤膜、便携式 pH 仪、多参数水质检测仪。

四、实验方法与步骤

(一)样品采集

在沣河流域沿线设置 8 个水样采集点:①沣峪口—沣河口段;②沣河口—秦渡镇段;③秦渡镇—严家渠段;④严家渠—三里桥段;⑤沣河一级支流潏河;⑥沣河一级支流沣峪河;⑦沣河一级支流高冠峪河;⑧沣河二级支流祥峪河。使用手持 GPS 对采样点进行定位,在以上 8 个采样点的水面 0~20 cm 处采集水样,使用便携式 pH 仪分别测量各采样点的 pH 值,随后使用 0.45 μm 滤膜现场抽滤,滤液分别装入 500 mL 聚乙烯瓶保存,带回实验室进行其他指标的测定。

(二)样品测试

使用多参数水质检测仪测定以下指标:总氮(TN)、总磷(TP)、氨氮(NH_4^+-N)、硝氮(NO_3^--N)以及化学需氧量(COD)。

(三)数据分析

(1)通过比较不同取样点各指标的差异,分析各取样点的水质差异及沣河污染的分布特征。

(2)根据采样点采集的 GPS 定位数据,利用 ARCGIS 软件的水文分析模块,基于沣河流域 10 m×10 m 空间分辨率的数字高程模型(DEM)数据提取各采样点的集水区范围。再根据集水区边界图及土地利用图,提取各个集水区土地利用情况。最后根据 DEM、土地利用图提取的各集水区坡度、高度及各地类面积,分析沣河流域污染空间分布特征的影响因素。

五、思考题

(1)根据调查结果,你认为哪种土地利用方式对沣河流域水质影响较大?

(2)根据沣河流域污染的空间分布格局及影响因素,你认为应当采取哪些措施进行沣河流域污染治理?

实验二十二　水生生态系统重金属的迁移

一、实验目的

掌握水生生态系统中重金属污染物的调查、取样和测量的一般方法;初步了解水生生态系统中重金属污染物在生物和非生物环境间的迁移特征;理解重金属污染物在水生生态系统中的迁移、转化过程。

二、实验原理与背景

随着工农业的发展,重金属已成为水生生态系统的重要污染源。水体中重金属浓度很小时即可产生毒性,并且其迁移转化是个复杂的物理、化学、生物学过程,因此,水生生态系统遭受重金属污染后具有高度危害性和难治理性。认识水生生态系统中重金属的迁移过程和规律,对于水生生态系统重金属污染的治理和生态恢复至关重要。

在水生生态系统中,湖泊生态系统的封闭性较强,自净能力较差,极易受到重金属污染的影响。重金属在湖泊生态系统中的迁移主要发生在水体、底泥、植物和动物之间。迁移过程包括:重金属在水中经沉积进入底泥,经积累进入植物和动物;由底泥释放可进入水体;由植物转入水生动物内;随死亡的植物沉积至底泥。水生动物体内的重金属还可以由其排泄物进入水体和底泥中,从而构成了重金属在湖泊生态系统中的迁移转化。因此,通过调查湖泊生态系统中水体、底泥、植物和动物的重金属含量可以了解湖泊生态系统中重金属的迁移规律。

三、实验仪器与工具

有机玻璃采样器、污泥采样器、捕鱼网、聚乙烯瓶、微波消解仪、原子吸收分光光度仪。

四、实验步骤与方法

(一)样品采集

采样地点设在陕西西安浐灞国家湿地公园卢曲湖。在湖中按梅花形设 8 个采样点,在每个采样点采集水、底泥、植物、鱼类/虾。

1.水样采集

水样均使用有机玻璃采样器采集,在不同水层断面采集水样,混匀后密封装入

500 mL 的高密度聚乙烯瓶中保存。采样器与聚乙烯瓶在采集水样前,均须经过稀硝酸浸泡 12 h 以上,并用去离子水冲洗干净。所有水样均密封冷藏保存,并及时运往实验室进行分析检测。

2.底泥样品采集

采用抓斗式污泥采集器采集湖底表层 0~10 cm 的底泥样品,然后用孔径为 0.2 mm的尼龙筛现场挤压过筛,去除杂物和粗颗粒,静置,倒掉上覆水,并将该位点的多个底泥样品充分混合均匀,装入聚乙烯塑料密封袋中,放置在盛有冰袋的采样箱中,立即运送到实验室,在 0~4 ℃下冷冻保存。

3.植物样品采集

实地调查并记录各个采样断面出现的主要植物以及其生长状况,运用船只以及相应的工具采集优势植物。采集植物时,同一采样断面同类型的植物,采集长势成熟植株 1~2 kg,同时保留植物的完整性,根部附近的沉积物均须保存完善。所有样品采集完毕后,用洁净的聚乙烯密封袋封装,冷冻保存,及时运至实验室保存待分析。

4.鱼/虾类样品采集

用捕鱼网采集水体中鱼/虾类,用洁净的聚乙烯袋封装,冷冻保存,及时运至实验室待分析。

(二)样品处理

1.水样处理

量取 10 mL 采集的水样加入 25 mL 的消解罐中,依次加入 1 mL 的 H_2O_2 和 5 mL 的浓 HNO_3,使用全自动微波消解仪进行微波消解(消解条件:升温时间为 10 min,消解温度为 180 ℃,保持时间为 15 min),消解完成后,赶酸定容置于高密度聚乙烯瓶中待测。

2.底泥样品处理

将底泥样品在自然条件下风干至恒重,去除杂草、砂粒、碎石等异物,研磨粉碎,按四分法将约 1 kg 的沉积物全部过 100 目塑料尼龙筛,并置于洁净的聚乙烯密封袋中保存待测。采用微波消解系统对底泥样品进行消解,每一批样均以水系沉积物标准物质(GBW07308a)作为质控标准样品。称取 0.2 g 样品分别倒入消解管中,然后在每个消解管中加入 5 mL 浓 HNO_3、1 mL H_2O_2和 1 mL HF,在 400 ℃的消解仪上消解 40 min后,150 ℃消解 10 min,重复此过程直到消解管内的液体变无色透明。等待消解管温度降低之后过滤管内的液体,赶酸定容置于高密度聚乙烯瓶中待测。

3.植物样品处理

将采集的植物运回实验室后,用自来水反复清洗其表面以去除表面附着物,再用去离子水清洗3遍,自然晾干。按根、茎和叶等组织将植物分解,置于烘箱中于110~120 ℃杀青2 h,再于80 ℃烘干至恒重,粉碎,过筛,置于高密度聚乙烯袋中保存待消解。在每个消解管中加入5 mL浓HNO_3和1 mL H_2O_2,在400 ℃的消解仪上消解40 min后,150 ℃消解10 min,重复此过程直到消解管内的液体变为无色透明。等待消解管温度降低之后,将过滤管内的液体,赶酸定容置于高密度聚乙烯瓶中待测。

4.鱼/虾类样品处理

将样品从冰箱取出,充分解冻,称取1 g组织样品。将样品置于消解管中消解,消解条件依次为:升温时间为3 min,消解温度为120 ℃,保持时间为3 min;升温时间为3 min,消解温度为150 ℃,保持时间为3 min;升温时间为5 min,消解温度为190 ℃,保持时间为10 min。

(三)样品测试

所有样品中的Pb、Zn、Cu等重金属含量采用原子吸收分光光度仪进行分析。具体步骤如下:

1.Pb、Cu和Zn标准母液的制备

精确称取高纯度的Pb、Cu和Zn各0.1 g,分别用10 mL 50%的HNO_3略加热溶解,用去离子水稀释并定容至100 mL,得浓度为1 mg/mL的母液。

2.标准Pb溶液的制备

用去离子水将Pb的母液分别稀释成1 μg/mL、10μg/mL、20 μg/mL、40 μg/mL、80 μg/mL的标准溶液。

3.标准Zn溶液的制备

用去离子水将Zn的母液稀释成2 μg/mL、4 μg/mL、8 μg/mL、16 μg/mL的标准溶液。

4.标准Cu溶液的制备

用去离子水将Cu的母液稀释成1 μg/mL、5 μg/mL、10 μg/mL、20 μg/mL、40 μg/mL的标准溶液。

5.绘制标准曲线及样品重金属含量测定

用原子吸收分光光度仪进行重金属含量分析,若样品中的金属含量超过标准溶液最高浓度,应重新配制标准溶液,提高其浓度或适当稀释样品液。

(四)数据分析

(1)依据标准曲线计算出水、底泥、植物和鱼/虾样品中Pb、Zn和Cu的含量,并比较不同组分之间重金属含量的差异。

(2)计算水体中重金属向底泥、植物、鱼/虾迁移的迁移系数:

$$TF_{水-植物}=C_{植物}/C_{水},TF_{水-底泥}=C_{底泥}/C_{水},TF_{水-鱼/虾}=C_{鱼/虾}/C_{水}。$$

式中,TF 表示迁移系数;C 表示重金属含量。

五、思考题

(1)为什么不同重金属在水体生态系统中的迁移系数不同?

(2)哪些因素会影响水体生态系统中重金属的迁移转化?

参考文献

[1]白登忠，谢寿安，史睿杰，等.秦岭土壤环境变化对土壤动物群落的影响[J]. 西北林学院学报，2012,27(6)：1-7.

[2]方精云，郭柯，王国宏，等.《中国植被志》的植被分类系统、植被类型划分及编排体系[J].植物生态学报，2020,44(2)：96-110.

[3]郭柯，方精云，王国宏，等.中国植被分类系统修订方案[J].植物生态学报，2020，44(02)：111-127.

[4]中华人民共和国生态环境部.关于发布《第一次全国污染源普查公报》的公告[EB/OL].(2010-02-06)[2022-09-02].https：www.mee.gov.cn/gkml/hbb/bgg/2010021t20100210_185698.htm.

[5]黄智宁.重金属在锰矿区溪流及水生植物中的迁移转化与环境风险[D].南宁：广西大学，2016.

[6]孔垂华，胡飞，王朋.植物化感(相生相克)作用[M].北京：高等教育出版社，2016.

[7]雷明德.陕西植被[M].北京：科学出版社，1999.

[8]李少鹏.高格斯台罕乌拉自然保护区昆虫多样性调查[D].呼和浩特：内蒙古农业大学，2021.

[9]卢宝鹏，张瑞霞.小流域面源污染监测技术指标体系及监测方法初探[J].吉林农业，2010(09)：157-190.

[10]潘开文，王进闯.化感活性物种影响种子萌发作用机理的研究进展[J].世界科技研究与发展，2016,28(4)：52-57.

[11]平晓燕，王铁梅.植物化感作用的生态学意义及在草地生态系统中的研究进展[J].草业学报，2018,27(8)：175-184.

[12]宋永昌.植被生态学[M].北京：高等教育出版社，2017.

[13]孙庆花，张超，刘国彬，等.黄土丘陵区草本群落演替中先锋种群茵陈蒿浸提液的化感作用[J].生态学报，2016,36(08)：2233-2242.

[14]王杰，张超，刘国彬，等.黄土丘陵区退耕还草植被恢复阶段优势种铁杆蒿的化感效应[J].生态学报，2018,38(19)：6857-6869.

[15]王进闯，潘开文，李富华.分子水平和土壤系统化感作用研究现状与展望[J].生态学

杂志, 2004,23(6): 125-130.

[16]王景顺.河北南部杨树昆虫群落结构及多样性研究[D].北京:北京林业大学,2006.

[17]王邵军, 阮宏华, 汪家社, 等.武夷山典型植被类型土壤动物群落的结构特征[J].生态学报, 2010,30(19):5174-5184.

[18]韦柳枝.低溶解氧对中国明对虾生长的影响及其机制的实验研究[D].青岛:中国海洋大学, 2010.

[19]熊金林.不同营养水平湖泊浮游生物和底栖动物群落多样性的研究[D].武汉:华中科技大学, 2005.

[20]许金石, 陈煜, 王国勋,等. 陕北桥山林区主要木本植物群落种间联结性[J]. 西北植物学报, 34(7):1467-1475.

[21]许中旗,等.森林生态学实验实习指导[M].北京:中国林业出版社,2021.

[22]阎飞,杨振明,韩丽梅.植物化感作用及其作用物的研究方法[J].生态学报, 2000,20(4):692-696.

[23]杨持.生态学实验与实习[M]. 北京:高等教育出版社,2003.

[24]杨春文. 生物学野外实习指导[M]. 北京:科学出版社, 2021.

[25]阴环.陕西长安光头山土壤动物群落多样性的研究[D]. 西安:陕西师范大学,2004.

[26]尹文英等.中国土壤动物[M]. 北京:科学出版社, 2000.

[27]尹文英等.中国亚热带土壤动物[M]. 北京:科学出版社,1992.

[28]尹文英等.中国土壤动物检索图鉴[M]. 北京:科学出版社,1998.

[29]尹文英.土壤动物学研究的回顾与展望[J]. 生物学通报, 2001, 36(8): 1-3.

[30]尹文英等. 土壤动物研究方法手册[M]. 北京:农业出版社,1998.

[31]岳明.秦岭植物垂直带谱完整复杂[J]. 森林与人类, 2015,2:76-81.

[32]张金龙, 马克平.种间联结和生态位重叠的计算:spaa 程序包[M]//马克平. 中国生物多样性保护与研究进展. 北京:气象出版社,2014.

[33]张金屯, 柴宝峰, 邱扬, 等. 晋西吕梁山严村流域撂荒地植物群落演替中的物种多样性变化[J]. 生物多样性, 2000,8:378-384.

[34]张金屯.数量生态学[M].北京:科学出版社,2004.

[35]张景茹, 周永章, 叶脉, 等.土壤-蔬菜中重金属生物可利用性及迁移系数[J]. 环境科学与技术, 2017, 40(12):256-266.

[36]张若男.陕西省小流域昆虫多样性的调查与分析[D].西安:西北大学,2020.

[37]赵鑫, 王琳, 郑帅, 等.黄河中游支流无定河流域源头区浮游生物和底栖动物群落特征与环境因子分析[J]. 水利水电技术(中英文), 2021,52(10):12.

[38]朱志诚, 黄可, 李继瓒.陕北黄土高原森林地带草本植物群落类型及其动态特征[J].

中国草地学报, 1989,3: 18-24.

[39]朱志诚.陕北黄土高原森林区植被恢复演替[J]. 西北林学院学报, 1993, 8(1): 87-94.

[40]朱志诚.秦岭及其以北黄土区植被地带性特征[J]. 地理科学, 1991, 2:157-164.

[41]朱志红, 李金钢. 生态学野外实习指导[M]. 北京:科学出版社,2014.

[42]ADAMO P, IAVAZZO P, AIBANESE S, et al. Bioavailability and soil-to-plant transfer factors as indicators of potentially toxic element contamination in agricultural soils[J]. Science of the Total Environment, 2014,500-501:11-22.

[43]DEEVEY E S. Life tables for natural populations ofanimals[J]. Quarterly Review of Biology, 1947,22:283-314

[44] FAITH D P. Conservation evaluation and phylogenetic diversity [J]. Biological conservation, 1992,61(1): 1-10.

[45]FOREST F, GRENYER R, RIYGET M, et al. Reserving the evolutionary potential of floras in biodiversity hotspots[J]. Nature, 2007,445(7129): 757-760.

[46]GLOVER T J, MITCHELL K J. An introduction tobiostatistics[J]. New York: McGraw-Hill companies, Inc,1998.

[47]MORLON H, SCHWILK D W, BRYANT J A, et al. Spatial patterns of phylogeneticdiversity[J]. Ecology letters, 2011,14(2): 141-149.

[48]SWENSON N G, ENQUIST B J, THOMPSON J, et al. The influence of spatial and size scale on phylogenetic relatedness in tropical forestcommunities [J]. Ecology, 2007, 88 (7): 1770-1780.

[49]WARDLE D A, NILSSON M C, GALLET, et al. An ecosystem-level perspective ofallelopathy[J]. Biological Reviews Cambridge Philosophical Society, 1998,73(3):305-319.

[50]WEBB C O, ACKERLY D D, KEMBEL S W. Phylocom: software for the analysis of phylogenetic community structure and traitevolution[J]. Bioinformatics, 2008,24(18): 2098-2100.

[51]WEBB C O, ACKERLY D D, MCPEEK M A, et al. Phylogenies and communityecology [J]. Annual Review of Ecology and Systematics, 2002,33: 475-505.

[52]WEBB C O, DONOGHUE M J. Phylomatic: tree assembly for appliedphylogenetics[J]. Molecular Ecology Notes, 2005,5(1): 181-183.

[53]WEBB C O. Exploring the phylogenetic structure of ecological communities: an example for rain foresttrees[J]. The American Naturalist, 2000,156(2): 145-155.

[54]WIKSTRÖM N, SAVOLAINEN V, CHASE M W. Evolution of the angiosperms: calibrating the familytree[J]. Proceedings of the Royal Society of London B: Biological Sciences, 2001,268(1482): 2211-2220.